# 中国气候变化监测公报

## （2016 年）

中国气象局气候变化中心　编著

中国气象局气候变化专项（CCSF201739）
国家重大科学研究计划项目（2015CB953900）　共同资助

科学出版社

北　京

# 内 容 简 介

为更好地理解气候变化的科学事实，全面反映中国在气候变化监测领域的最新成果，中国气象局气候变化中心组织国内近 60 位专家编写了2016 年度中国气候变化监测公报。全书共分五章，分别从大气、海洋、冰冻圈、陆地生物圈及水循环、气候变化驱动因子等方面提供中国、亚洲和全球气候变化状态的最新监测信息，可为各级政府制定气候变化相关政策提供科技支撑，为满足国内外科研与技术交流需要，提升气候变化业务服务能力，更好地开展气候变化教育培训和科普宣传提供基础信息。

本书可供各级决策部门，以及气候、气象、海洋、水文、生态、环境、地质和地理等领域的科研与教学人员参考使用。

图书在版编目(CIP)数据

中国气候变化监测公报. 2016年/中国气象局气候变化中心编著.
—北京：科学出版社，2017.6
ISBN 978-7-03-053141-4

Ⅰ. ①中⋯　Ⅱ. ①中⋯　Ⅲ. ①气候变化–监测–中国–2016–年报
Ⅳ. ①P467

中国版本图书馆 CIP 数据核字(2017)第 128109 号

责任编辑：万　峰/责任校对：王晓茜
责任印制：肖　兴/封面设计：北京图阅盛世文化传媒有限公司

*科学出版社*出版
北京东黄城根北街16号
邮政编码：100717
http://www.sciencep.com

**北京盛通印刷股份有限公司**印刷

科学出版社发行　各地新华书店经销

\*

2017 年 6 月第 一 版　开本：720×1000　1/16
2017 年 6 月第一次印刷　印张：7
字数：113 000

定价：106.00 元

（如有印装质量问题，我社负责调换）

# 《中国气候变化监测公报》（2016年）编写专家

主　编：宋连春

副主编：巢清尘　周　兵　王朋岭

编写专家：（以姓氏笔画为序）

| | | | | |
|---|---|---|---|---|
| 马丽娟 | 王　波 | 王　冀 | 王长科 | 王东阡 |
| 王召民 | 王艳姣 | 王遵娅 | 车慧正 | 方　锋 |
| 艾婉秀 | 田　红 | 白美兰 | 司　东 | 朱　琳 |
| 朱晓金 | 任玉玉 | 刘　敏 | 刘克修 | 刘洪滨 |
| 闫宇平 | 孙兰东 | 杜　军 | 李子祥 | 李忠勤 |
| 杨昭明 | 吴通华 | 何　健 | 邹旭恺 | 张晔萍 |
| 张颖娴 | 陈　洁 | 邵　鳃 | 邵佳丽 | 武炳义 |
| 周波涛 | 郑永光 | 郑向东 | 赵　林 | 赵长海 |
| 赵春雨 | 柳艳菊 | 袁　媛 | 袁春红 | 聂　羽 |
| 莫伟华 | 侯　威 | 郭建广 | 郭艳君 | 唐国利 |
| 黄　磊 | 梁　苗 | 廖要明 | 翟建青 | 颜　鹏 |

# 前　言

气候是自然生态系统的重要组成部分，是人类赖以生存和发展的基础条件，也是经济社会可持续发展的重要资源。近百年来，受人类活动和自然因素的共同影响，全球正经历着以气候变暖为显著特征的变化。气候变化导致灾害性极端天气气候事件频发，积雪、冰川和冻土融化加速，水资源分布失衡，生物多样性受到威胁；受海洋热膨胀和冰川冰盖消融影响，全球海平面持续上升，海岸带和沿海地区遭受更为严重的洪涝、风暴等自然灾害，低海拔岛屿和沿海低洼地带甚至面临被淹没的威胁。气候变化对全球自然生态系统和经济社会都产生了广泛影响。

2016 年，气候系统多项核心观测指标打破历史纪录，影响遍及全球。2016年全球表面平均温度比 1961～1990 年平均值高出 0.83℃，比工业化前水平约高出 1.1℃，是有气象记录以来的最暖年份；全球海洋表面平均温度同样创下历史新高，海水异常偏暖引发大面积珊瑚白化和死亡；北极地区海冰范围严重缩减；2015 年全球大气二氧化碳平均浓度达到 400ppm。2016 年世界各地频繁发生的极端天气气候事件引发严重灾害，非洲南部、南亚和东南亚、中东和北非、欧洲中部相继遭受高温热浪袭击；洪涝及其次生灾害影响亚洲东部和南部多国，我国长江中下游发生严重汛情；严重干旱影响非洲和中美洲地区的农业生产，并引发粮食危机；大西洋飓风"马修"重创海地和美国，造成严重人员伤亡和经济损失。

全球气候变化已成为国际社会面临的重大共同挑战。国际社会于 2015 年 12月达成的《巴黎协定》，明确了到 21 世纪末全球平均气温升幅相比工业化前水平控制在不超过 2℃、并力争控制在 1.5℃之内的目标，最大限度地凝聚了国际社会的共识，是全球应对气候变化进程中的重要里程碑。《巴黎协定》在达成后不到一年的时间内于 2016 年 11 月 4 日正式生效，充分体现了国际社会合作应对气候变化、走低碳绿色发展道路的坚定决心。

中国是全球气候变化的敏感区和影响显著区。近百年来，中国平均升温率明显高于同期全球平均水平。气候变化对中国粮食安全、水资源安全、生态安全、环境安全、能源安全、重大工程安全、经济安全等诸多安全领域构成严重威胁，对国家安全提出严峻挑战。科学把握气候规律，有效降低气候风险，合理开发利用气候资源，是科学应对气候变化的基础。多年来，中国气象局认真履行政府职能，不断加强气候变化监测、影响评估、预测预估、决策服务、科学研究等能力建设，切实发挥国家应对气候变化的科技支撑作用。

2010 年以来，中国气象局连续 7 年发布年度《中国气候变化监测公报》，提供中国、亚洲和全球气候变化状态的最新监测信息，揭示大气、海洋、冰冻圈、陆地生物圈和水循环、气候变化驱动因子五大方面的基本科学事实。《中国气候变化监测公报》经不断创新和改进，得到了社会各界的肯定和支持，已成为中国在气候变化领域的一项重要的特色工作。

在本书的编写出版过程中，中国气象局、中国科学院、水利部、国家海洋局等政府部门及香港天文台和国外多家机构提供了大量的气候系统多源观测资料和基础数据。感谢十多位资深专家的评阅和指导，在此一并对付出辛勤劳动的科技工作者表示诚挚的感谢！

编 者

2017 年 3 月

# 目　录

# 摘　要

气候系统的多种指标和观测表明，全球变暖趋势在持续。2016年，全球表面平均温度再创新高，比1961～1990年平均值偏高0.83℃，比工业化前水平高出约1.1℃，成为有气象观测记录以来的最暖年份。2016年，亚洲陆地表面平均气温比常年值（本公报使用1971～2000年气候基准期）偏高1.48℃，仅次于2015年，是1901年以来的第二高值年份。

1901～2016年，中国地表年平均气温呈显著上升趋势，近20年是20世纪初以来的最暖时期。2016年，中国地表年平均气温比常年值偏高1.10℃，亦属于明显偏暖年份。1961～2016年，中国各区域年平均气温均呈上升趋势，但区域间差异明显，北方（华北、西北和东北地区）增温速率明显大于南方，西部地区升温幅度大于东部，其中青藏地区平均每10年升温0.37℃。1961～2016年，中国上空对流层平均气温呈明显上升趋势，而平流层下层平均气温呈下降趋势。

20世纪60年代以来，亚洲季风环流系统表现出明显的年代际变化特征。2016年东亚夏季风强度接近正常略偏强，东亚冬季风强度偏强，南亚夏季风强度明显偏弱。1961～2016年，中国平均年降水量无明显的增减趋势；90年代降水以偏多为主，21世纪最初十年总体偏少，但近5年降水持续偏多。1961～2016年，中国各区域降水量变化趋势差异明显，青藏地区降水呈增多趋势，而西南地区降水呈减少趋势，其余地区降水无明显线性变化趋势，但均存在年代际波动变化。1961～2016年，中国平均年降水日数呈显著减少趋势，而暴雨站日数增加。2016年，中国平均降水量为730.0 mm，较常年值偏多16.0%，为1961年以来最多。

1961～2016年，中国平均风速、总云量、日照时数和北方地区沙尘日数总体呈下降趋势，≥10℃的年活动积温呈明显增加趋势；中国平均相对湿度无明显增减趋势，但存在阶段性变化特征。2016年，中国平均相对湿度和总云量均为1961年以来的第二高值，平均风速和日照时数较常年值明显偏小。1961～2016年，北京观象台和上海徐家汇观象台雷暴日数呈下降趋势，而香港天文台雷暴日数呈显著增多趋势。

1961～2016 年，中国极端强降水事件呈增多趋势，极端低温事件显著减少，极端高温事件在 20 世纪 90 年代中期以来明显增多。1949～2016 年，西北太平洋和南海台风生成个数趋于减少，但近 10 年登陆中国台风的平均强度明显偏强；2016 年，西北太平洋和南海台风生成个数为 26 个，其中 8 个登陆中国，登陆台风的平均强度偏强。

1951～2016 年，赤道中东太平洋海表温度有明显的年际变化特征，1951 年以来共出现 3 次超强厄尔尼诺事件（1982/1983 年、1997/1998 年和 2015/2016 年）。北大西洋海表温度表现出明显的年代际变化特征，20 世纪 50 年代海表温度总体偏高，60 年代至 70 年代以偏低为主，80 年代中期以来持续偏高。1951～2016 年，热带印度洋海表温度呈显著上升趋势。2016 年，全球平均海表温度为 1850 年以来的最高值，热带东太平洋大部、西北太平洋部分海域、北印度洋、北大西洋北部和西部、北冰洋大部海域海表温度较常年值明显偏高；2015/2016 年超强厄尔尼诺事件于 2016 年 5 月结束。2016 年，全球海洋热含量较 2015 年有所降低，为 2001 年以来的第二高值。1980～2016 年，中国沿海海平面呈波动上升趋势，平均上升速率为 3.2mm/a；2016 年，中国沿海海平面较 1993～2011 年平均值偏高 82mm，为 1980 年以来的最高位。

1979～2016 年，北极海冰范围显著减小，南极海冰范围呈上升趋势。2016 年，3 月北极海冰范围为有卫星观测记录以来的同期次低值。2016 年是全球冰川物质损失最为剧烈的年份之一，中国天山乌鲁木齐河源 1 号冰川物质平衡量为–1017mm，为有观测记录以来第二低值，仅次于 2010 年。2015/2016 年冬季，中国主要积雪区积雪覆盖率均较 1990 年以来同期平均值偏高，新疆积雪区积雪覆盖率为 1990 年以来的最高值，青藏高原地区、东北和内蒙古地区均为 1990 年以来的第二高值。1980～2016 年，青藏公路沿线多年冻土区活动层厚度呈明显增加趋势，多年冻土退化明显。2016 年，青藏公路沿线多年冻土区平均气温为 20 世纪 50 年代末有连续气象观测记录以来的最高值，活动层厚度亦创下观测的新纪录。

2016 年，全国大部分地区植被覆盖接近近年同期，湖南西南部、广西大部、四川东南部和贵州南部植被长势偏好。1981～2016 年，东北地区植物春季物候期总体提前，秋季物候期呈推迟趋势。21 世纪初以来，石羊河流域荒漠面积总体呈减小趋势；广西石漠化区秋季植被指数总体呈增加趋势，区域植被生态环境总体改善。2007～2016 年，中国东部季风区典型农田生态系统主要表现为二氧化碳净吸收。

1961～2016 年，中国松花江、长江、珠江、东南诸河和西北内陆河流域地表水资源量总体表现为增加趋势；2016 年，长江、东南诸河和西北内陆河流域地表水资源量均为 1961 年以来最多。21 世纪初以来，青海湖水位持续回升；华中地区主要湖泊湿地面积处于缓慢减小或稳定状态；河西走廊西部和江汉平原地下水水位缓慢下降。

1961～2016 年，中国陆地表面接收到的太阳年总辐射量趋于减少，2016 年较常年值偏少 15.7kW·h/m$^2$。1990 年以来，中国瓦里关全球大气本底站大气二氧化碳浓度逐年稳定上升；2015 年，瓦里关站大气二氧化碳、甲烷和氧化亚氮的年平均浓度分别为：401.0±1.0ppm[①]、1897±2ppb[②]和 328.8±0.2ppb，与北半球中纬度地区平均浓度大体相当，但均略高于 2015 年全球平均值。2016 年，上甸子站、临安站和龙凤山站气溶胶光学厚度均较 2015 年减小；京津冀地区和长三角地区代表站 $PM_{2.5}$ 平均质量浓度均较 2015 年有所下降，但珠三角地区代表站略微上升；三峡库区平均酸雨强度明显偏弱。

---

① ppm，干空气中每百万（$10^6$）个气体分子中所含的该种气体分子数。

② ppb，干空气中每十亿（$10^9$）个气体分子中所含的该种气体分子数。

# Summary

A range of indicators of climate system and comprehensive observation show that global warming has been continuing. In 2016, the global annual average surface temperature hit a new high, with 0.83℃ higher than the average for the 1961-1990 period, approximately 1.1℃ above the pre-industrial period. Year of 2016 stood out as the warmest year in the historical record of modern meteorological observation. In 2016, the Asian annual average surface air temperature was 1.48℃ higher than normal (1971-2000 reference period used in this bulletin unless specified), which made 2016 the second warmest year after 2015 since 1901.

During 1901-2016, China has witnessed a significantly increased annual mean surface air temperature, and the warmest period in the past two decades since the beginning of the 20th century. In 2016, annual mean surface air temperature over China was 1.10℃ higher than normal, making 2016 a noticeably warm year. During 1961-2016, the regional annual mean surface air temperature in China was overall on rising, but exhibited remarkable regional differences. The northern part of China (North China, Northwest China and Northeast China) secured a warming rate apparently faster than that of the southern counterparts. Meanwhile, the western China exhibited greater warming rates exceeding the eastern part of the country. The Qinghai-Tibet region even reported a temperature rise of 0.37℃ per decade during 1961-2016. During the same period, the tropospheric annual mean air temperature over China showed significant increasing but a downward trend observed in the lower stratosphere.

Asian monsoon circulation system has since the 1960s turned out explicit inter-decadal variability pattern. In 2016, the East Asian summer monsoon had a slightly enhanced intensity though remaining in the vicinity of the normal. Meanwhile, the East Asian winter monsoon in the year was stronger than normal, though the South Asian summer monsoon abnormally weak. During 1961-2016, the national averaged annual precipitation over China showed no significant linear trend. In the 1990s, China statistically had more precipitation. In the first decade of this century, China had less precipitation. However, the precipitation averaged over China kept being above normal in past five years. During 1961-2016, China was noticeably differed in the trends of regional averaged precipitation. The Qinghai-Tibet region became wetter while Southwest China was on a drier side. The rest parts of the country reported no linear trend though with some inter-decadal fluctuations. During 1961-2016, China saw significantly decreased precipitation days, but the heavy rainfall days increased. In 2016, the annual precipitation averaged over China was 730.0 mm, with 16.0% above normal, and the largest hike since 1961.

During 1961-2016, China reported a descending trend for annual mean wind speed, total cloud cover, sunshine duration and sand-dust days, while sustaining a significant ascending trend for active accumulated temperature with air temperature above 10°C. There was no significant increase or decrease in relative humidity, though with some phased fluctuations. In 2016, the annual mean relative humidity and total cloud cover over China ranked the second highest since 1961, while wind speed and sunshine duration significantly lower than normal. During 1961-2016, both the Beijing Observatory and the Shanghai Xujiahui Observatory reported fewer thunderstorm days, while the Hong Kong Observatory witnessed significantly more thunderstorm days.

During the period of 1961-2016, China had more extreme precipitation events but significantly reduced extreme low temperature events. Extreme high temperature events have increased significantly since the mid-1990s. During 1949-2016, the number of typhoons generated in the Northwest Pacific and the South China Sea showed a decreasing trend. However, the typhoons that landing China in last decade experienced a noticeably enhance in mean intensity. In 2016, the Northwest Pacific and the South China Sea generated 26 typhoons, of which 8 made landfall on China with an enhanced mean intensity.

During 1951-2016, the annual mean Sea Surface Temperatue (SST) in the central and eastern equatorial Pacific showed significant inter-annual variation. Three super El Niño events have been monitored since 1951 (1982/1983, 1997/1998 and 2015/2016). SST in North Atlantic exhibited significant inter-decadal variation featured with high in the 1950s, low during the 1960s-1970s, and high again since the mid-1980s. During 1951-2016, SST in the tropical Indian Ocean showed a significant increasing trend. In 2016, the global annual average SST hit the highest since 1850. SSTs in more part of the tropical eastern Pacific, some part of the northwest Pacific, the North Indian Ocean, the northern and western part of the North Atlantic, and most part of the Arctic were significantly above normals. The 2015/2016 super El Niño event ended in May of 2016. The global ocean heat content slipped in 2016 compared with 2015, though remaining the second highest since 2001.

During 1980-2016, the annual mean sea level around China experienced a fluctuated rise, at 3.2mm/a. In 2016, the annual mean sea level around China was 82mm higher than average for the 1993-2011 period, and the highest since 1980.

The period of 1979-2016 witnessed significantly reduced Arctic sea-ice extent, while the Antarctic sea ice extent was on the rise. During March of 2016, the Arctic sea-ice extent became next to the lowest since the satellite record was available.

2016 is one of the years deploring the heaviest glacier losses across the world. In China, the mass balance of Glacier No.1 at the headwaters of Urumqi River in Tianshan Mountain hit the next to the lowest record (2010) at −1017mm. In the winter of 2015/2016, the snow cover fractions were above the average for the 1990-2016 period over the major snow-covered regions in China. In Xinjiang, the snow cover fraction was the highest since 1990, while the Qinghai-Tibet Plateau, Northeast China and Inner Mongolia had the second highest snow cover fraction. During 1980-2016, the permafrost zone along the Qinghai-Tibet Highway measured a significantly increasing active layers thickness, suggesting a significant permafrost deterioration. In 2016, the permafrost zone along the Qinghai-Tibet Highway claimed the highest annual surface air temperature since the record began in the late 1950s. Meanwhile, active layers hit the record thickness.

In 2016, the vegetation coverage in most part of the country reported close to the same period in recent years. The southwestern part of Hunan, most part of Guangxi, southeastern Sichuan and southern Guizhou enjoyed an abnormally prosperous vegetation growth. During 1981-2016, Northeast China saw an advanced phenological period in spring but a seemingly postponed one in autumn. The Shiyang River Basin has witnessed a shrunken desert area since the beginning of this century. Meanwhile, Guangxi experienced an increased autumn vegetation coverage in the rocky desertification area and an overall improved regional ecological environment. During 2007-2016, the typical farmland ecosystem in the monsoon region of eastern China secured major net carbon dioxide absorption.

During 1961-2016, the surface water resources of the Songhuajiang River, Yangtze River, Pearl River, major rivers in southeastern China and inland river basins in northwestern China increased on the whole. The Yangtze River, major rivers in the southeastern China, and inland river basins in the northwestern China all claimed the largest surface water resources since 1961. Since 2005, Qinghai Lake has witnessed a sustained water level rise. Major lake wetlands in Central China either had a slowly reduced area or basically unchanged one. The western part of the Hexi Corridor and the Jianghan Plain reported a slowly declined groundwater level.

During 1961-2016, the annual total solar radiation over China decreased, with 15.7kW·h/m$^2$ less than normal in 2016. The monitoring results of Qinghai Waliguan Observatory (one of the global background stations) demonstrated that the annual mean atmospheric carbon dioxide concentration continued on the rise since 1990. In 2015, the Waliguan Station reported a annual mean concentration of atmospheric carbon dioxide, methane and nitrous oxide at 401.0 ±1.0ppm[①], 1897 ±2ppb[②] and 328.8 ±0.2ppb, respectively, which is roughly the same as the average concentration over the Northern Hemispheric mid-latitudes, but slightly higher than the global average for the same year. In 2016, Shangdianzi Station, Lin'an Station and Longfengshan Station reported a reduced aerosol optical thickness compared with 2015. Meanwhile, the representative sites in the Beijing-Tianjin-Hebei region and the Yangtze River Delta region reported a slightly declined annual mean $PM_{2.5}$ concentration with the Pearl River Delta region on a slight rise compared with 2015. The Three Gorges Reservoir reported a noticeably weakened average intensity of acid rain since 1999.

---

① ppm, number of molecules of the gas per million ($10^6$) molecules of dry air.

② ppb, number of molecules of the gas per billion ($10^9$) molecules of dry air.

# 第1章 大　气

大气圈是指在地球周围聚集的一层很厚的大气。大气为地球生命的繁衍与人类文明的发展提供了理想的环境，它的状态和变化时时处处影响着人类的活动与生存。大气的运动变化是由大气中热能的交换所引起的，热能交换使得大气的温度不断变化。大气运动和地球系统其他圈层有密切的相互作用，使地球表层海-陆-气-冰之间的物质和能量不断交换，形成复杂的气候系统。表征气候和气候变化的指标很多，其中大气温度、降水及相关的极端气候监测指标在气候变化研究与业务中得到广泛应用。

2016 年，全球表面平均温度再创新高，成为有气象观测记录以来的最暖年份，比工业化前水平高出约 1.1℃；亚洲陆地表面年平均气温是 1901 年以来的第二高值；中国亦属于明显偏暖年份。本章从大气圈层的主要监测指标出发，分析了大气温度、降水、大气环流系统和天气气候事件等的不同时间和空间尺度的变化特征。

## 1.1　全球表面平均温度

根据世界气象组织发布的《2016 年全球气候状况声明》，全球表面平均温度比 1961～1990 年平均值（14.0℃）高出 0.83℃，比工业化前水平高出约 1.1℃，突破 2014 年（偏高 0.57℃）、2015 年（偏高 0.76℃）相继创下的最暖纪录，成为有气象记录以来的最暖年份（图 1.1）。在有现代气象观测记录以来的 17 个最暖年份中，除 1998 年外，其他 16 个最暖年份均出现在 21 世纪。分析表明：全球变暖趋势仍在进一步持续。

长序列观测资料分析表明，19 世纪中期以来，全球陆地表面年平均气温呈显著升高趋势，且北半球平均的升温幅度明显大于南半球（图 1.2）。1951～2016 年，北半球陆地表面平均气温的增温率为 0.22℃/10a，高于南半球陆地表面平均气温的增温速率（0.13℃/10a），亦高于全球陆地表面平均气温的增温速率（0.19℃/10a）。2016年，全球陆地表面年平均气温比1961～1990年平均值高出1.24℃，北半球和南半球陆地表面年平均气温分别高出1.47℃和0.79℃。

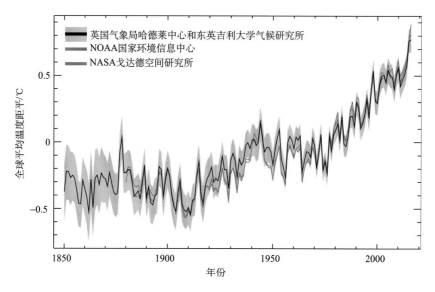

图 1.1　1850～2016年全球表面年平均温度距平（相对于1961～1990年平均值）

（引自世界气象组织《2016年全球气候状况声明》）

Fig1.1　Global annual average surface temperature anomalies (relative to 1961-1990) from 1850 to 2016

(Cited from WMO *Statement on the State of the Global Climate in 2016*)

## 1.2　亚洲陆地表面平均气温

1901～2016年，亚洲陆地表面年平均气温总体呈明显上升趋势，20世纪50年代以来，升温趋势尤其显著（图1.3）。1901～2016年，亚洲陆地表面平均气温上升了1.62℃。1951～2016年，亚洲陆地表面平均气温呈显著上升趋势，升温速率为0.28℃/10a。2016年，亚洲陆地表面平均气温比常年值偏高1.48℃，仅次于2015年，是1901年以来的第二高值年份。

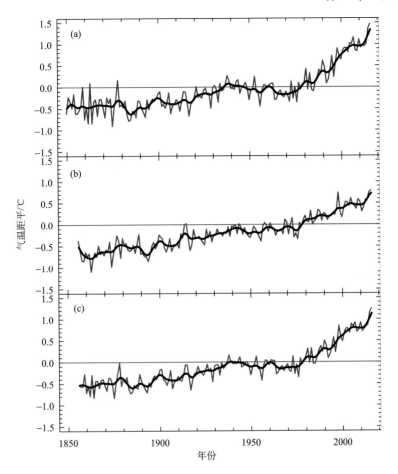

图 1.2　1850～2016 年北半球（a）、南半球（b）和全球陆地表面（c）年平均气温距平
（相对于 1961～1990 年平均值）

（资料来源：东英吉利大学气候研究所）（粗黑线为低频滤波值曲线，即去除 10 年以下时间尺度变化的年代际
波动，全书同）

Fig 1.2　(a) Northern Hemisphere; (b) Southern Hemisphere; and (c) global annual average land
surface air temperature anomalies (relative to 1961-1990) from 1850 to 2016. Coarse black lines
represent the low-frequency filter curves obtained by removing the inter-annual temporal variations
under 10 years, the same below

(Data source: Climatic Research Unit, University of East Anglia)

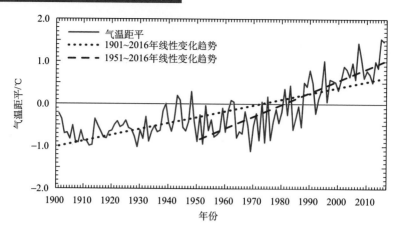

图 1.3　1901～2016 年亚洲陆地表面年平均气温距平

Fig 1.3　Annual mean land surface air temperature anomalies over Asia from 1901 to 2016

## 1.3　大气环流

### 1.3.1　西太平洋副热带高压

西太平洋副热带高压是东亚大气环流的重要成员，其活动具有显著的年际和年代际变化特征，直接影响中国天气和气候变化。1961～2016 年，夏季西太平洋副热带高压总体上呈现面积增大、强度增强、位置西扩的趋势（图 1.4）。20 世纪 90 年代以来，西太平洋副热带高压总体处于强度偏强、面积偏大和西伸脊点位置偏西的年代际背景下，但近年来西太平洋副热带高压面积和强度指数的年际波动幅度明显偏大。2016 年，夏季西太平洋副热带高压面积偏大、强度偏强、西伸脊点位置偏西。

### 1.3.2　东亚季风

中国处于东亚季风区，天气气候受到东亚季风活动的影响。东亚冬季主要盛行偏北风气流，夏季则以偏南风气流为主。1961～2016 年，东亚夏季风强度总体上呈现减弱趋势，并表现出强—弱—强的年代际波动特征 [图 1.5（a）]。20 世纪 70 年代中期以前，东亚夏季风持续偏强；70 年代中后期到 21 世纪初，东亚夏季风在年代际时间尺度上总体呈现偏弱特征，之后开始增强。2016 年，东亚夏季风强度指数为 0.33，强度接近正常略偏强。

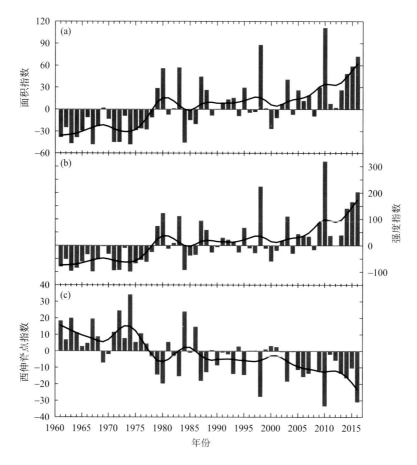

图 1.4　1961～2016 年夏季西太平洋副热带高压面积指数（a）、强度指数（b）和西伸脊点
指数（c）距平

Fig 1.4　Western Pacific Subtropical High index anomalies in the summers of 1961-2016
(a) area index; (b) intensity index; and (c) western ridge point

1961～2016 年，东亚冬季风同样表现出显著的年代际变化特征[图 1.5（b）]。
20 世纪 80 年代中期以前，东亚冬季风主要表现为偏强特征；而 1987～ 2004 年
东亚冬季风以偏弱为主；2005 年以来波动增强。2016 年，东亚冬季风强度指数
为 1.26，强度偏强。

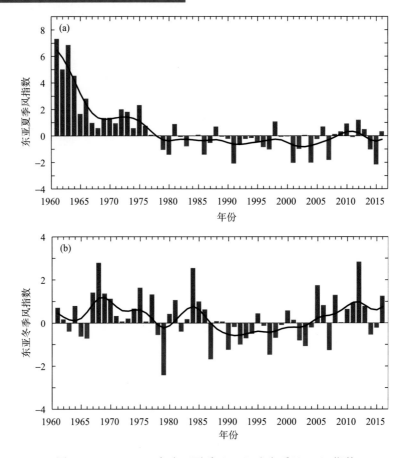

图 1.5　1961～2016 年东亚夏季风（a）和冬季风（b）指数

Fig 1.5　Variation of (a) the East Asian summer monsoon; and (b) winter monsoon index from 1961 to 2016

### 1.3.3　南亚季风

　　1961～2016 年，南亚夏季风强度总体表现出减弱趋势，且年代际变化特征明显（图 1.6）。20 世纪 60 年代至 80 年代中期，南亚夏季风主要表现为偏强特征；90 年代初以来，南亚夏季风表现为偏弱特征，尤其是在 2006～2016 年，南亚夏季风进入持续异常偏弱阶段。2016 年，南亚夏季风强度指数为-2.61，强度明显偏弱。

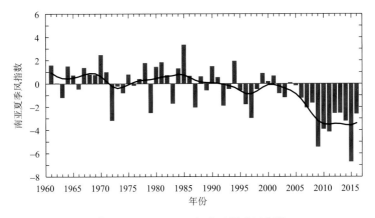

图 1.6 1961~2016 年南亚夏季风指数

Fig 1.6 Variation of the South Asian summer monsoon index from 1961 to 2016

### 1.3.4 北极涛动

北极涛动（AO）是北半球中纬度和高纬度地区平均气压此消彼长的一种现象，其对北半球中高纬度地区的天气和气候变化具有重要影响，尤以对冬季影响最为显著。1961~2016 年，冬季北极涛动指数年代际波动特征明显（图1.7），20世纪 60 年代至 80 年代中期，北极涛动指数总体处于负位相阶段，而 80 年代末至 90 年代中期，总体以正位相为主；90 年代后期以来，总体表现出负位相特征，但年际变率较大。2016 年，冬季北极涛动总体处于正常状态。

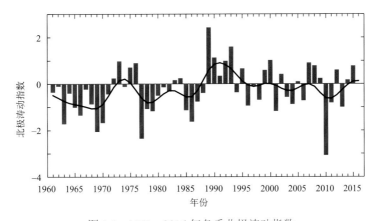

图 1.7 1961~2016 年冬季北极涛动指数

Fig 1.7 Variation of the Arctic oscillation index in the winters of 1961- 2016

## 1.4 中国气候要素

### 1.4.1 地表气温

1901～2016 年，中国地表年平均气温呈显著上升趋势，并伴随明显的年代际波动，20 世纪 30 年代至 40 年代和 80 年代中期以来是主要的偏暖阶段，20 世纪前 30 年和 50 年代至 80 年代中期则以偏冷为主（图 1.8）。1901～2016 年，中国地表年平均气温上升了 1.17℃，近 20 年是 20 世纪初以来的最暖时期。1951～2016 年，中国地表年平均气温呈显著上升趋势，增温速率为 0.23℃/10a。2016 年，中国年平均气温比常年值偏高 1.10℃，属明显偏暖年份。

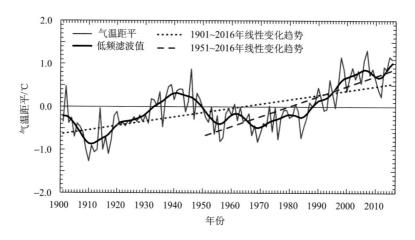

图 1.8　1901～2016 年中国地表年平均气温距平

Fig 1.8　Annual mean surface air temperature anomalies over China from 1901 to 2016

1901～2016 年，北京观象台地表平均气温呈显著升高趋势，升温速率为 0.12℃/10a。20 世纪 60 年代末以来，升温趋势尤其显著。20 年代和 80 年代至今为偏暖阶段，20 世纪前 20 年和 30 年代至 70 年代为偏冷阶段。1901～2016 年，北京观象台地表年平均气温上升了 1.5℃，高于相同时段中国年平均气温的增温幅度。2016 年，北京观象台地表平均气温为 13.8℃，较常年值偏高 1.5℃［图 1.9（a）］，为有观测记录以来的第三高值。

1909～2016 年，哈尔滨气象台地表年平均气温呈显著升高趋势[图 1.9(b)]。20 世纪 80 年代末至今为偏暖阶段，40 年代以前和 50 年代至 70 年代为偏冷阶段（1943～1948 年因抗战无观测数据）。1909～2016 年，哈尔滨气象台年平均气温上升了 2.45℃，明显高于相同时段中国年平均气温的升温幅度。2016 年，哈尔滨气象台年平均气温较常年值偏高 0.7℃，为连续第 28 个偏暖年份。

1901～2016 年，上海徐家汇观象台年平均气温呈显著上升趋势，升温速率为 0.21℃/10a[图 1.9（c）]。20 世纪初至 80 年代末以气温偏低为主，其中 40 年代前后的暖期不明显；进入 20 世纪 90 年代后，年平均气温持续偏高。1901～2016 年，徐家汇观象台年平均气温升高了 2.45℃，明显高于相同时段中国年平均气温的增温幅度。2016 年，徐家汇观象台年平均气温较常年值偏高 1.9℃，仍处于持续偏暖阶段。

1908～2016 年，广州气象台年平均气温呈弱的上升趋势，线性变化趋势并不显著，而年代际变化特征明显[图 1.9（d）]。20 世纪 50 年代初期之前处于气温偏低时段，50 年代初期至 80 年代初期气温偏低更为突出，80 年代中期至 21 世纪最初 10 年气温呈振荡上升的趋势，2011 年以来再次转为偏低阶段。2016 年，广州气象台年平均气温为 22.0℃，较常年值偏低 0.2℃。

1885～2016 年，香港天文台年平均气温呈上升趋势，升温速率为 0.12℃/10a[图 1.9（e）]。1951～2016 年，年平均气温的上升速度加快，升温速率为 0.15℃/10a。2016 年，香港天文台年平均气温为 23.6℃，较常年值偏高 0.6℃。

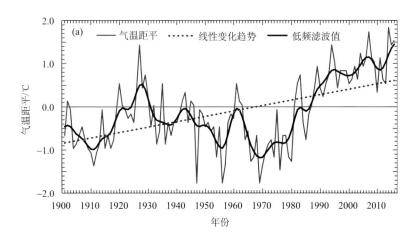

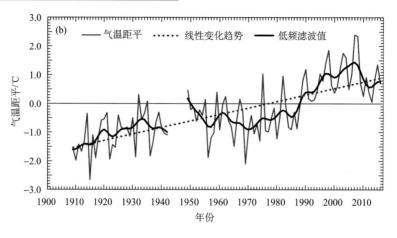

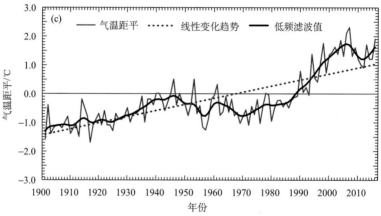

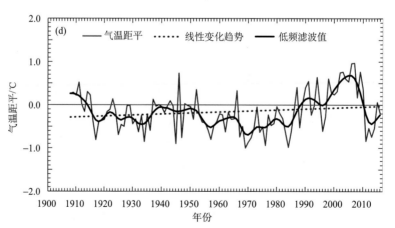

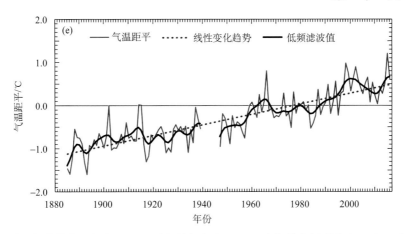

图 1.9 近百年来北京观象台（a）、哈尔滨气象台（b）、上海徐家汇观象台（c）、广州气象
台（d）和香港天文台（e）地表年平均气温距平

Fig 1.9 Annual mean surface air temperature anomalies observed at (a) Beijing Observatory; (b)
Harbin Meteorological Observatory; (c) Shanghai Xujiahui Observatory; (d) Guangzhou
Meteorological Observatory; and (e) Hong Kong Observatory, in the last hundred years or so

1951～2016 年，中国地表年平均最高气温呈上升趋势，平均每 10 年升高
0.18℃，低于年平均气温的升高速率[图 1.10（a）]。20 世纪 90 年代之前，中国
年平均最高气温变化相对稳定，之后呈明显上升趋势。2016 年，中国地表年平均
最高气温比常年值偏高 1.0℃。

1951～2016 年，中国地表年平均最低气温呈显著上升趋势，平均每 10 年升
高 0.32℃，高于年平均气温和最高气温的上升速率[图 1.10（b）]。1987 年之前，
最低气温上升较缓，之后升温明显加快。2016 年，中国地表年平均最低气温比常
年值偏高 1.4℃，与 2015 年并列为 1951 年以来的最高值。

1961～2016 年，中国八大区域（华北、东北、华东、华中、华南、西南、西
北和青藏地区）地表年平均气温均呈显著上升趋势，但区域间差异明显（图 1.11）。
青藏地区增温速率最大，平均每 10 年升高 0.37℃；华北、西北和东北地区次之，
升温速率依次为 0.31℃/10a，0.30℃/10a 和 0.30℃/10a；华东地区平均每 10 年升
高 0.23℃；华中、华南和西南地区升温幅度相对较缓，增温速率依次为 0.18℃/10a、
0.17℃/10a 和 0.16℃/10a。2016 年，中国八大区域平均气温均高于常年值，其中
华北、华东、华中、西北和青藏地区平均气温偏高超过 1℃，西北和青藏地区平

均气温为 1961 年以来的最高值。

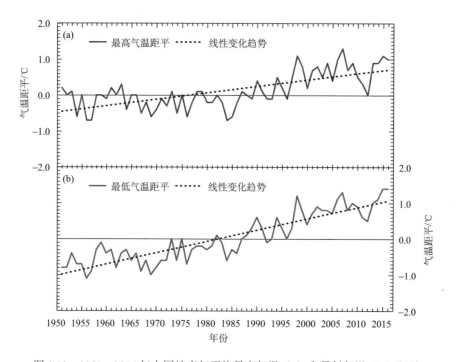

图 1.10　1951～2016 年中国地表年平均最高气温（a）和最低气温（b）距平

Fig 1.10　Annual mean surface (a) maximum air temperature; and (b) minimum air temperature anomalies over China from 1951 to 2016

2016 年，中国大部分地区气温偏高，仅黑龙江北部气温略偏低，西北大部、华北地区东南部、华东大部、青藏地区大部等地偏高 1～2℃，西藏西北部和青海、新疆部分地区气温偏高 2℃以上（图 1.12）。

### 1.4.2　高层大气温度

探空观测资料分析显示，1961～2016 年，中国上空对流层低层（850hPa）和上层（300hPa）年平均气温均呈显著上升趋势，增温速率分别为 0.17℃/10a 和 0.18℃/10a；而平流层下层（100hPa）年平均气温表现为下降趋势，平均每 10 年降低 0.18℃，但 21 世纪初以来，下降趋势变缓（图 1.13）。对流层升温和平流层下层降温趋势与全球高层大气温度变化总体相一致。2016 年，中国上空对流层低

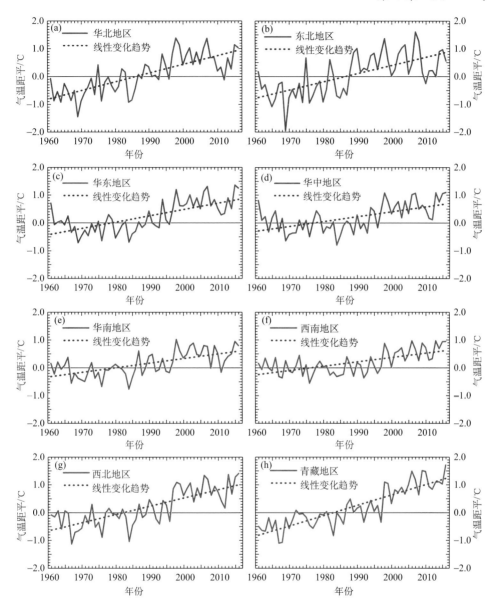

图 1.11　1961～2016 年中国八大区域地表年平均气温距平

（a）华北地区；（b）东北地区；（c）华东地区；（d）华中地区；（e）华南地区；（f）西南地区；（g）西北地区；（h）青藏地区

Fig 1.11　Regional averaged surface air temperature anomalies from 1961 to 2016

(a) North China; (b) Northeast China; (c) East China; (d) Central China; (e) South China; (f) Southwest China; (g) Northwest China; and (h) Qinghai-Tibet region

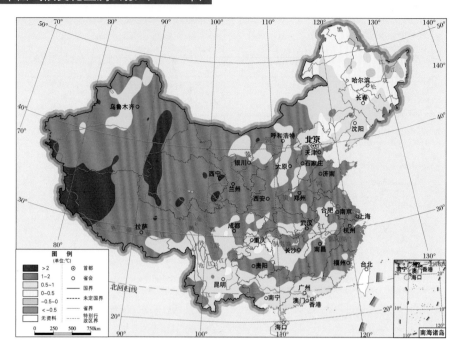

图 1.12　2016 年中国地表年平均气温距平分布

Fig 1.12　Distribution of annual mean surface air temperature anomalies across China in 2016

层和上层平均气温均比常年值偏高 0.9℃，其中对流层上层平均气温与 1999 年并列为 1961 年以来最高值；而平流层下层平均气温较常年值偏低 0.2℃。

### 1.4.3　降水

1901～2016 年，北京观象台年降水量呈弱的减少趋势，并表现出明显的年代际变化特征[图 1.14（a）]。20 世纪 10 年代至 20 年代中期、40 年代后期至 50 年代、80 年代中期至 90 年代后期降水偏多，90 年代末以来总体处于降水偏少阶段。2016 年，北京观象台年降水量为 669.1mm，较常年值偏多 17.0%（97.2mm）。

1909～2016 年，哈尔滨气象台年降水量表现出明显的年代际变化特征[图 1.14(b)]，其中 20 世纪 10 年代、20 年代末至 30 年代和 50 年代降水偏多（1943～1948 年抗战无观测数据），70 年代降水偏少，80 年代至 90 年代中期降水偏多，21 世纪以来降水以偏少为主。2016 年，哈尔滨气象台年降水量为 537.8mm，较常年值偏多 2.5%（13.1 mm）。

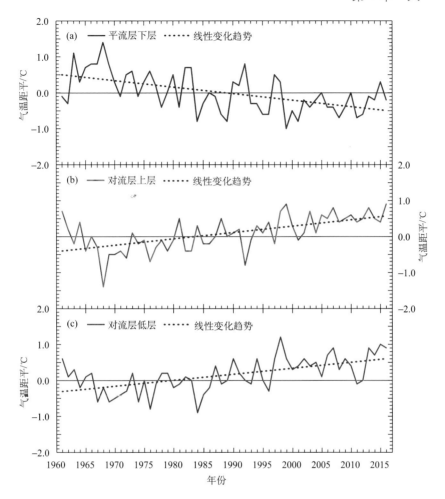

图 1.13 1961～2016 年中国高空年平均气温距平

（a）平流层下层；（b）对流层上层；（c）对流层低层

Fig 1.13 Annual mean upper-air temperature anomalies over China from 1961 to 2016

(a) lower stratosphere (100 hPa); (b) upper troposphere (300 hPa); and (c) lower troposphere (850 hPa)

1901～2016 年，上海徐家汇观象台年降水量呈弱的增多趋势。20 世纪 70 年代以前，年降水量以 30～40 年的周期波动，之后呈增加趋势，且年际波动幅度较大[图 1.14（c）]。2016 年，上海徐家汇观象台年降水量为 1593.8mm，较常年值偏多 33.9%（403.1 mm）。

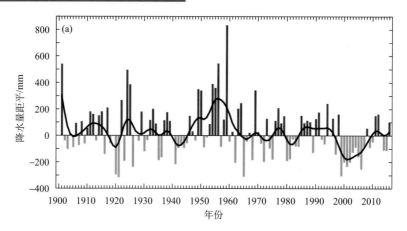

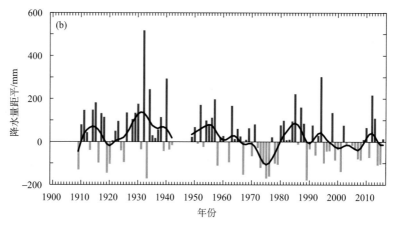

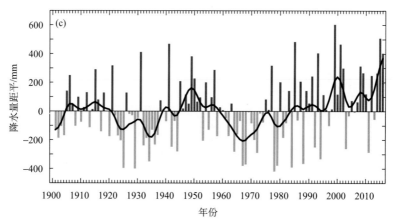

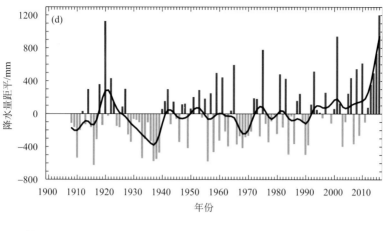

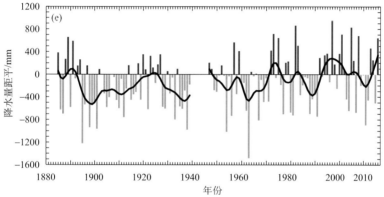

图 1.14 近百年来北京观象台（a）、哈尔滨气象台（b）、上海徐家汇观象台（c）、广州气
象台（d）和香港天文台（e）年降水量距平变化

Fig 1.14 Annual precipitation anomalies observed at (a) Beijing Observatory; (b) Harbin
Meteorological Observatory; (c) Shanghai Xujiahui Observatory; (d) Guangzhou Meteorological
Observatory; and (e) Hong Kong Observatory, in the past hundred years or so

1908～2016 年，广州气象台年降水量呈增多趋势，并伴随明显的年代际波动。
20 世纪 30 年代和 50 年代中期至 70 年代降水偏少，10 年代后期至 20 年代中期、
90 年代初期以来降水偏多，近 5 年降水持续偏多[图 1.14（d）]。2016 年，广州
气象台年降水量为 2939.7 mm，较常年值偏多 69.3%（1203.4mm），为 1908 年以
来的历史最多值。

1885～2016 年，香港天文台年降水量呈增多趋势，平均每 10 年增加 22.4 mm，

且年际波动幅度较大[图 1.14（e）]。2016 年，香港天文台年降水量为 3026.8 mm，较常年值偏多 27.0%（644.1mm）。

1961～2016 年，中国平均年降水量无明显的增减趋势，但年际变化明显（图 1.15）。2016 年、1998 年和 1973 年是排名前三位的降水高值年，2011 年、1986 年和 2009 年是排名前三位的降水低值年。20 世纪 90 年代中国平均年降水以偏多为主，21 世纪最初十年总体偏少，但近 5 年降水持续偏多。2016 年，中国平均降水量为 730.0 mm，较常年值偏多 16.0%，为 1961 年以来最多。与常年值相比，2016 年全国大部地区降水量接近常年或偏多（图 1.16），东北地区中部和东北部、华北地区西部、长江中下游沿江地区、江南南部、华南东部、西北地区大部、青藏地区西北部等地偏多 20% 以上；内蒙古东部、陕西中南部、四川北部、广西西北部、青海中部等地降水偏少。

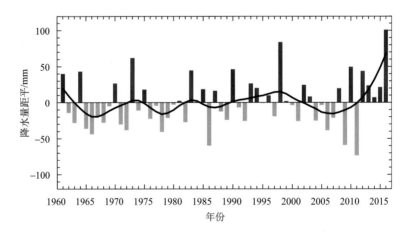

图 1.15　1961～2016 年中国平均年降水量距平

Fig 1.15　Annual precipitation anomalies averaged over China from 1961 to 2016

1961～2016 年，中国八大区域平均年降水量变化趋势差异明显（图 1.17）。青藏地区平均年降水量呈增多趋势，平均每 10 年增加 8.0 mm；西南地区平均年降水量呈减少趋势，平均每 10 年减少 14.2 mm；华北、东北、华东、华中、华南和西北地区年降水量无明显线性变化趋势，但均存在年代际波动变化。21 世纪初以来，华北、东北、华东、华南和西北地区平均年降水量波动上升，而华中和西

南地区总体处于降水偏少阶段。2016 年，中国八大区域平均降水量均较常年值偏
多，华东和青藏地区平均降水量为 1961 年以来的最多值。

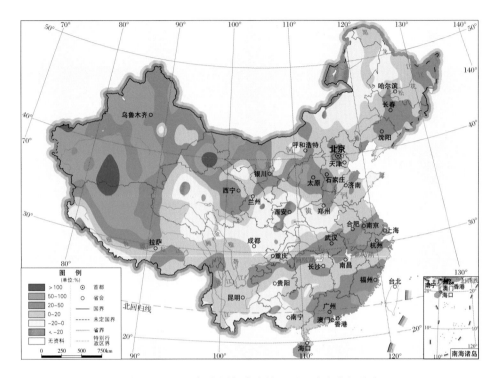

图 1.16　2016 年中国年降水量距平百分率空间分布

Fig 1.16　Distribution of annual precipitation anomaly percentages across China in 2016

1961～2016 年，中国平均年降水日数呈显著减少趋势，平均每 10 年减少 4.1
天［图 1.18（a）］。2016 年，中国平均年降水日数为 105 天，比常年值偏少 14 天，
为 1961 年以来最少。

1961～2016 年，中国年累计暴雨（日降水量≥50mm）站日数呈增加趋势［图
1.18（b）］，平均每 10 年增加 4.4%。2016 年，中国年累计暴雨站日数为 8303
站日，比常年值偏多 42.0%，为 1961 年以来最多。

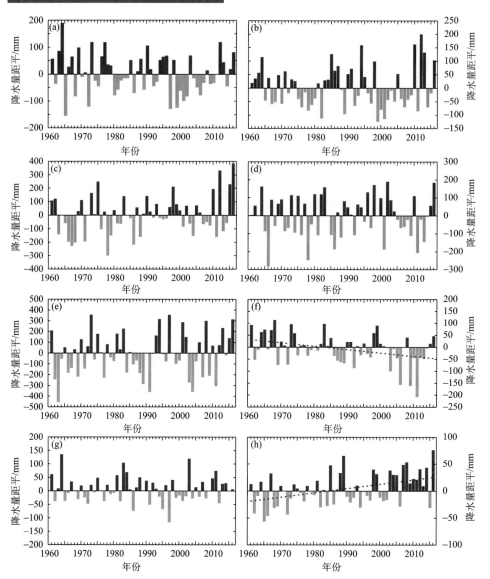

图 1.17　1961～2016 年中国八大区域年降水量距平　华北地区（a）；东北地区（b）；华东地区（c）；华中地区（d）；华南地区（e）；西南地区（f）；西北地区（g）；青藏地区（h）

（点线为线性变化趋势线）

Fig 1.17　Regional averaged annual precipitation anomalies from 1961 to 2016. (a) North China; (b) Northeast China; (c) East China; (d) Central China; (e) South China; (f) Southwest China; (g) Northwest China; and (h) Qinghai-Tibet region

(The purple dotted lines standing for the linear trend)

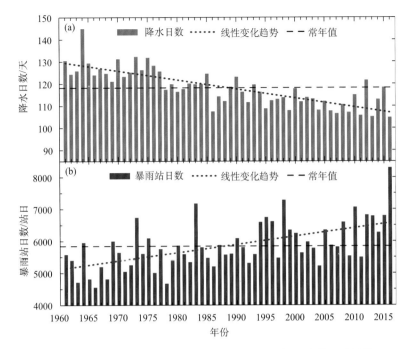

图 1.18　1961～2016 年中国平均年降水日数（a）和年累计暴雨站日数（b）

Fig 1.18　(a) Annual precipitation days; and (b) cumulative annual rainstorm days over China from
1961 to 2016

### 1.4.4　其他要素

1. 相对湿度

1961～2016 年，中国平均相对湿度总体无明显增减趋势，但存在阶段性变化特征：20 世纪 60 年代中期至 80 年代中期相对湿度偏低，1987～2003 年以偏高为主，2004 年以来又转为以偏低为主。2016 年，中国平均相对湿度明显高于常年值，为 1961 年以来的第二高值（图 1.19）。

2. 云量

1961～2016 年，中国平均总云量总体呈现下降趋势，但阶段性变化特征明显，20 世纪 90 年代中后期出现趋势转折，之后波动上升。2016 年，中国平均总云量较常年值偏多 2.9%（图 1.20），为 1961 年以来的第二高值，仅低于 2015 年。

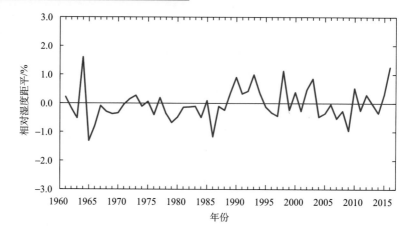

图 1.19　1961～2016 年中国平均相对湿度距平

Fig 1.19　Annual mean relative humidity anomalies over China from 1961 to 2016

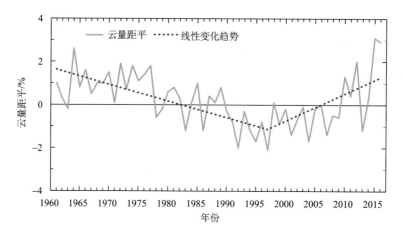

图 1.20　1961～2016 年中国平均总云量距平

Fig 1.20　Annual mean total cloud cover anomalies over China from 1961 to 2016

3. 风速

1961～2016 年，中国平均风速总体呈减小趋势，平均每 10 年减少 0.13 m/s。20 世纪 60 年代至 80 年代中期为持续正距平，之后转为负距平。2016 年，中国平均风速较常年值明显偏小（图 1.21）。

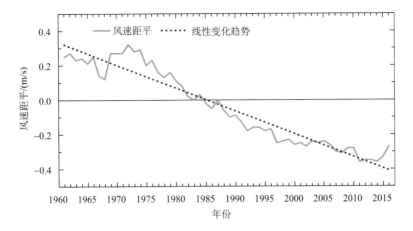

图 1.21　1961～2016 年中国平均风速距平

Fig 1.21　Annual mean wind speed anomalies over China from 1961 to 2016

4. 日照时数

1961～2016 年，中国平均年日照时数呈现显著减少趋势，平均每 10 年减少 35.4h。2016 年，中国平均年日照时数为 2364h，较常年值偏少 85h（图 1.22）。

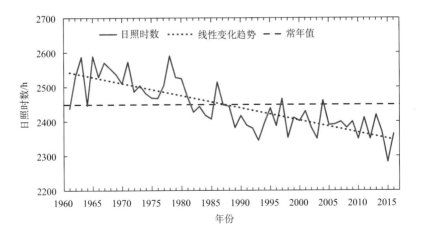

图 1.22　1961～2016 年中国平均年日照时数

Fig 1.22　Annual mean sunshine duration over China from 1961 to 2016

5. 积温

1961～2016 年，中国平均≥10℃的年活动积温总体呈明显的增加趋势，平均每 10 年增加 54.3℃•d。1997 年以来，中国平均≥10℃的年活动积温连续 20 年偏多。2016 年，中国平均≥10℃的年活动积温为 4976.9℃•d，比常年值偏高 338.4℃•d，较 2015 年偏高 182.1℃•d，为 1961 年以来第三高值（图 1.23）。

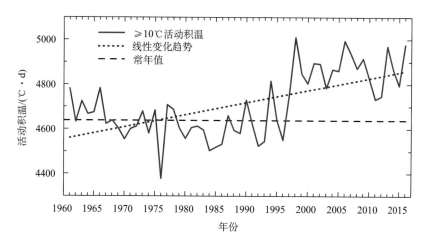

图 1.23　1961～2016 年中国平均≥10℃的年活动积温

Fig 1.23　Annual active accumulated temperature with air temperature above 10°C over China from 1961 to 2016

2016 年，中国主要农作物生长季内热量条件较好，大部地区≥10℃活动积温较常年值偏高 300～500℃•d，部分地区偏高 500℃•d 以上（图 1.24），对农业生产总体有利。年内，冬麦区前期气候条件较好，但夏收期间雨日偏多对冬小麦产量和品质造成一定影响；早稻生育期内出现暴雨洪涝、寡照、高温等灾害性天气，气候条件较差；晚稻、一季稻和玉米产区气候条件接近常年或偏好。

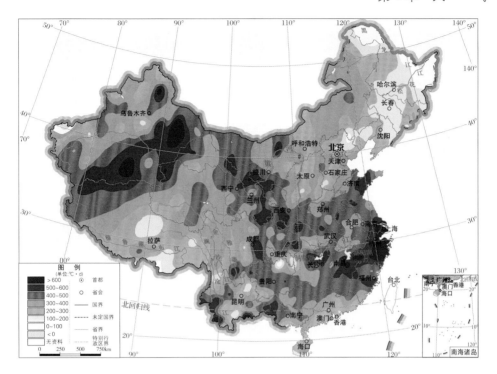

图 1.24　2016 年中国≥10℃活动积温距平分布

Fig 1.24　Distribution of the active accumulated temperature anomalies with air temperature above 10℃ across China in 2016

## 1.5　天气气候事件

### 1.5.1　雷暴

雷暴是一种产生闪电及雷声的对流性天气现象，通常伴随着短时强降水或冰雹。雷暴的发生与大气层结不稳定、必要的水汽条件和抬升条件密切相关。中国雷暴主要发生在暖季（4~9 月），主要分布于青藏高原东部、云南中南部、四川、华南、长江中下游地区等地。

1961~2016 年，北京观象台年雷暴日数呈显著下降趋势，平均每 10 年减少1.5 天[图 1.25（a）]；哈尔滨气象台年雷暴日数无明显的线性变化趋势，主要表现为年代际变化特征，20 世纪 80 年代初之前雷暴日数以偏少为主，80 年代中期至 90 年代中期偏多，之后转为偏少[图 1.25（b）]；上海徐家汇观象台年雷暴日数表现为弱的减少趋势，但近两年异常偏多[图 1.25（c）]；香港天文台年雷暴日数呈显著增加趋势，平均每 10 年增多 2.9 天[图 1.25（d）]。2016 年，北京观象台、哈尔滨气象台、上海徐家汇观象台和香港天文台观测到的雷暴日数分别为 38 天、37 天、44 天和 52 天，较常年值依次偏多 2.8 天、3.6 天、18.2 天和 14.9 天（2014年及以后的雷暴日数由云地闪电反演资料获取）。

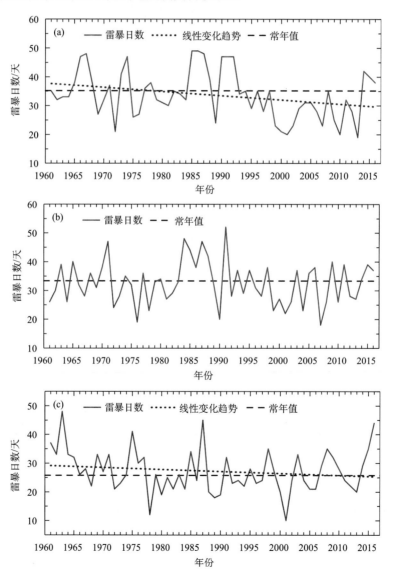

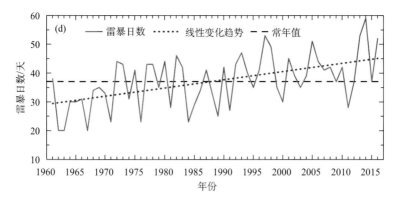

图 1.25　1961～2016 年北京观象台(a)、哈尔滨气象台 (b)、上海徐家汇观象台 (c)和香港天文
台(d)雷暴日数

Fig 1.25　Variation of the annual thunderstorm days observed at (a) Beijing Observatory; (b) Harbin
Meteorological Observatory; (c) Shanghai Xujiahui Observatory; and (d) Hong Kong Observatory
from 1961 to 2016

## 1.5.2　沙尘暴

1961～2016 年，中国北方地区平均沙尘（扬沙以上）日数呈明显减少趋势，平均每 10 年减少 3.6 天。20 世纪 80 年代中期之前，中国北方地区平均沙尘日数持续偏多，之后转入沙尘日数偏少阶段（图 1.26）。2016 年，中国北方地区平均沙尘日数为 4.4 天，较常年值偏少 10 天。

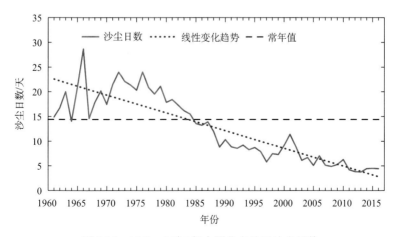

图 1.26　1961～2016 年中国北方地区沙尘日数

Fig 1.26　Variation of annual sand-dust days averaged in northern China from 1961 to 2016

### 1.5.3 梅雨

梅雨是东亚地区特有的天气气候现象，为东亚夏季风阶段性活动的产物，出现于每年 6～7 月的中国江淮流域至韩国、日本一带，常年平均梅雨量超过300mm，占全年降水总量的 30%～40%。中国梅雨在时间和空间分布上存有差异，区域性特点明显。

1951～2016 年，中国梅雨季降水量具有明显年际变化和年代际变化特征（图1.27）。20 世纪 90 年代梅雨量以来偏多为主，20 世纪 50 年代后期至 60 年代、20世纪 90 年代末以来梅雨量偏少，但最近两年梅雨量明显偏多。2016 年，中国梅雨监测区梅雨季节降水量为 662.1mm，比常年值偏多 318.7mm，为 1951 年以来的第二丰梅年，仅次于 1954 年的梅雨季降水量（789.3mm）。

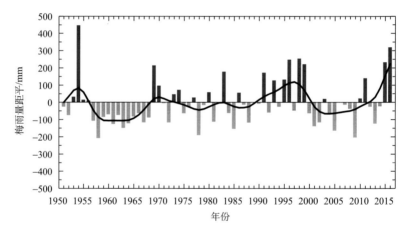

图 1.27　1951～2016 年中国梅雨监测区梅雨量距平

Fig 1.27　Meiyu rainfall anomalies in the Meiyu monitoring area from 1951 to 2016

### 1.5.4 台风

1949～2016 年，西北太平洋和南海生成台风（中心风力≥8 级）个数呈减少趋势，同时表现出明显的年代际变化特征，1995 年以来总体处于台风活动偏少的年代际背景下（图 1.28）。2016 年，西北太平洋和南海台风生成个数为 26 个，较常年值偏少 1.1 个。

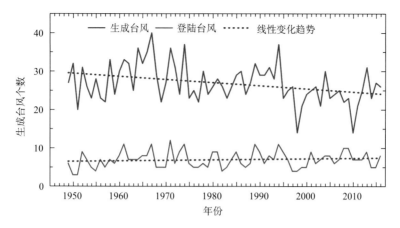

图 1.28　1949～2016 年西北太平洋和南海生成及登陆中国台风个数

Fig 1.28　The number of typhoons generated in the Northwest Pacific and the South China Sea and those landing China from 1949 to 2016

1949～2016 年，登陆中国的台风（中心风力≥8 级）个数呈弱的增多趋势，但线性趋势并不显著；年际变化大，最多年达 12 个（1971 年），最少年仅有 3 个（1950 年和 1951 年）。1949～2016 年，登陆中国台风比例呈增加趋势，尤其是 2000～2010 年最为明显，2010 年的台风登陆比例（50%）最高，近几年呈阶段性的下降趋势（图 1.29）。2016 年登陆中国的台风有 8 个，登陆比例为 31%，较常年值偏高 5%。

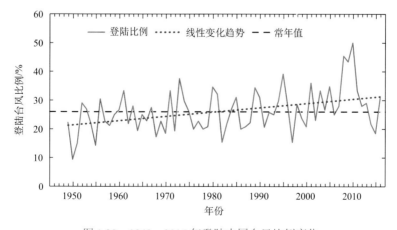

图 1.29　1949～2016 年登陆中国台风比例变化

Fig 1.29　Variation of the ratio of typhoons that landing China from 1949 to 2016

1949～2016 年，登陆中国台风（中心风力≥8 级）的平均强度（以台风中心最大风速来表征）呈增强趋势，尤其近 30 年最为明显（图 1.30）。2016 年，登陆台风平均强度为 12 级（平均风速 34.5m/s），较常年值（11 级，30.6 m/s）偏强。

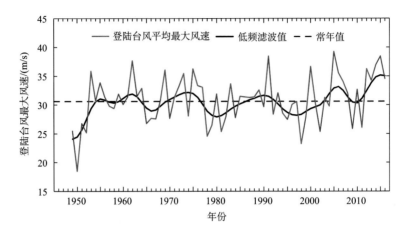

图 1.30　1949～2016 年登陆中国台风平均最大风速变化

Fig 1.30　Variation of the mean maximum wind speed of typhoons that landing China from 1949 to 2016

### 1.5.5　极端事件

1961～2016 年，中国极端低温事件显著减少，极端高温事件在 20 世纪 90 年代中期以来明显增多，极端强降水事件呈增多趋势。

1. 极端气温

1961～2016 年，中国平均暖昼日数呈增多趋势，平均每 10 年增加 5.0 天，尤其在 20 世纪 90 年代中期以来增加更为明显［图 1.31（a）］。2016 年，中国平均暖昼日数为 69 天，较常年值偏多 32 天，为 1961 年以来第二多，仅次于 2013 年（73 天）。

1961～2016 年，中国平均冷夜日数呈显著减少趋势，平均每 10 年减少 8.2 天［图 1.31（b）］。2016 年，中国冷夜日数 23 天，较常年值偏少 23 天，为 1961 年以来第二少，仅次于 2007 年（18 天）。

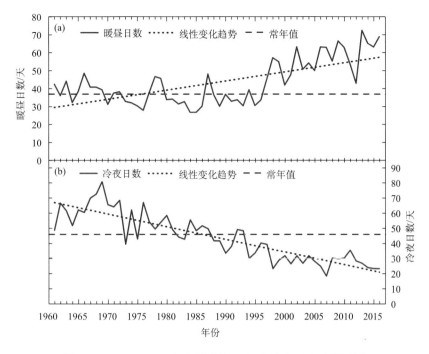

图 1.31　1961～2016 年中国暖昼（a）和冷夜（b）日数变化

Fig 1.31　Variation of the number of (a) warm days; and (b) cold nights over China from 1961 to 2016

　　1961～2016 年，中国极端高温事件发生频次的年代际变化特征明显，20 世纪 90 年代中期以来明显偏高。2016 年，中国共发生极端高温事件 775 站日，较常年值偏多 618 站日［图 1.32（a）］，其中内蒙古新巴尔虎右旗（44.1℃）、重庆丰都（43.9℃）和新疆若羌（43.9℃）等共计 83 站日最高气温突破历史极值。

　　1961～2016 年，中国极端低温事件发生频次呈显著减少趋势，平均每 10 年减少 255 站日。2016 年，中国共发生极端低温事件 919 站日，较常年值偏多 399 站日，且比 2006～2015 年平均值明显偏多，其中青海清水河（–45.9℃）和达日（–35.6℃）等 70 站日最低气温突破历史极值［图 1.32（b）］。2016 年 1 月 20～25 日，中国大部分地区遭受强寒潮天气过程影响，降温幅度大，全国共计 69 站日最低温气温突破历史记录，广州城区 1949 年以来首次出现降雪。

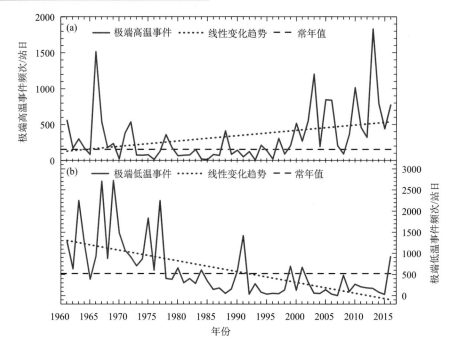

图 1.32　1961～2016 年中国极端高温（a）和极端低温（b）事件频次

Fig 1.32　Frequencies of (a) the extreme high temperature; and (b) extreme low temperature events over China from 1961 to 2016

2. 极端降水

1961～2016 年，中国极端日降水量事件的频次呈增加趋势（图 1.33）。2016 年，中国共发生极端日降水量事件 474 站日，极端日降水事件的站次比为 0.21 次/站，均为 1961 年以来的最高值；全国共计 89 站日降水量突破历史极值。

3. 区域性气象干旱

1961～2016 年，中国共发生了 173 次区域性气象干旱事件，其中极端干旱事件 16 次、严重干旱事件 36 次、中度干旱事件 69 次、轻度干旱事件 52 次，区域性干旱事件次数呈微弱上升趋势，且具有明显的年代际变化特征：20 世纪 90 年代区域性气象干旱事件偏少，进入 21 世纪后总体偏多（图 1.34）。2016 年，中国共发生 3 次区域性气象干旱事件，频次接近常年值，事件等级总体偏轻，分别为：

东北地区西部及内蒙古东部夏旱；黄淮、江淮及陕西等地夏秋连旱；鄂湘黔桂等省（区）部分地区秋旱。

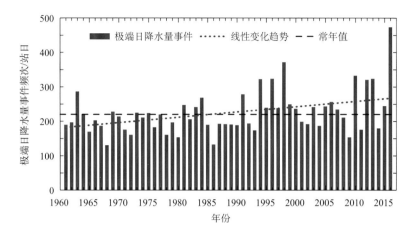

图 1.33　1961～2016 年中国极端日降水量事件频次

Fig 1.33　Frequencies of the extreme daily precipitation events over China from 1961 to 2016

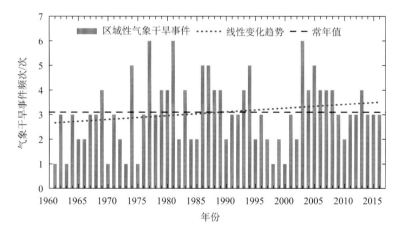

图 1.34　1961～2016 年中国区域性气象干旱事件频次

Fig 1.34　Frequencies of the regional meteorological drought events over China from 1961 to 2016

# 第2章 海 洋

海洋占地球表面积的71%，是大气主要的热源和水汽源地。海洋通过与大气的物质能量交换和水循环等过程在影响和稳定气候上具有重要作用，从而影响整个气候系统。中国地处北太平洋、印度洋和亚洲大陆的交汇区，境域内包括渤海、黄海、东海和南海四大近海。海洋异常变化及其与大气间的能量传输和物质交换是影响中国区域气候变化的重要因素。厄尔尼诺现象，作为行星尺度海-气相互作用的突出年际变化信号，不仅对热带地区大气环流和气候产生直接影响，而且对全球和区域的生态和经济都有重要的影响。

2016年，全球平均海表温度为1850年以来的最高值，大部海域海表温度较常年值偏高；2015/2016年超强厄尔尼诺事件于2016年5月结束；全球海洋热含量较2015年有所降低，为2001年以来的第二高值。2016年，中国沿海海平面为1980年以来最高位。

## 2.1 全球海表温度

1850~2016年，全球平均海表温度表现为显著升高趋势，并伴随年代际变化特征。20世纪40年代之前海温明显偏低，而80年代以来海温持续偏高（图2.1）。1951~2016年，全球平均海表温度的升温速率为0.08℃/10a。2016年，全球平均海表温度比1961~1990年平均值偏高0.61℃，略高于2015年，为1850年以来最高。

2016年，全球大部分海域海表温度较常年值偏高，热带东太平洋大部、西北太平洋部分海域、北印度洋、北大西洋北部和西部、北冰洋大部海域海温偏高0.5℃以上，中国近海部分海域海温偏高1℃以上，东西伯利亚海至加拿大海盆部分海域偏高超过2℃；50°S以南大部海域和北太平洋中部部分海域海温较常年值偏低（图2.2）。

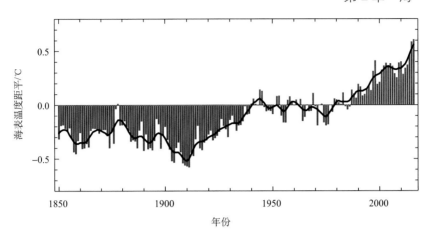

图 2.1 1850～2016 年全球平均海表温度距平（相对于 1961～1990 年平均值）

（资料来源：英国气象局哈德莱中心）

Fig 2.1 Global annual average sea surface temperature anomalies (relative to 1961-1990) from 1850 to 2016

(Data source: UK Met Office Hadley Center)

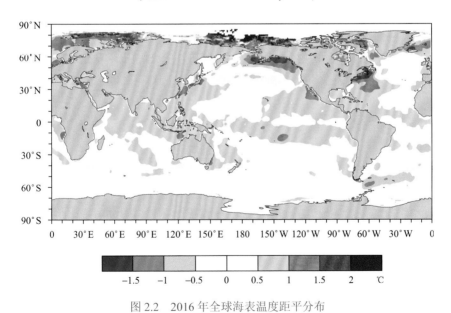

图 2.2 2016 年全球海表温度距平分布

Fig 2.2 Distribution of the global sea surface temperature anomalies in 2016

## 2.2 关键海区海表温度

1951～2016 年，赤道中东太平洋 Niño3.4 海区（5°S～5°N，120°～170°W）海表温度有明显的年际变化特征（图 2.3）。根据国家气候中心厄尔尼诺-拉尼娜事件监测标准，1951～2016 年，赤道中东太平洋共出现 3 次超强厄尔尼诺事件，分别为 1982/1983 年、1997/1998 年和 2015/2016 年。2015/2016 年超强厄尔尼诺事件于 2016 年 5 月结束，随后赤道中东太平洋海表温度下降，并于 2016 年 8 月进入拉尼娜状态。但拉尼娜状态发展缓慢且强度很弱，仅维持 4 个月，并于 2016 年 12 月结束。2016 年，Niño3.4 海区海表温度距平值为 0.46℃。

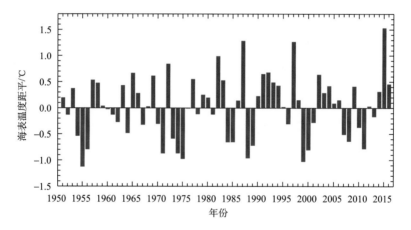

图 2.3　1951～2016 年赤道中东太平洋（Niño3.4 海区）年平均海表温度距平

Fig 2.3　Annual mean sea surface temperature anomalies averaged in the central and eastern equatorial Pacific (Niño3.4 region) from 1951 to 2016

太平洋年代际振荡（PDO）是一种年代际时间尺度上的气候变率强信号，具有多重时间尺度，主要表现为准 20 年周期和准 50 年周期（图 2.4）。1947～1976 年，PDO 处于冷位相期；1925～1946 年和 1977～1998 年为暖位相期；20 世纪 90 年代末，PDO 再次转为冷位相期。2014～2016 年，PDO 指数由前期的负指数转为显著的正指数。2016 年，PDO 指数为 1.17。

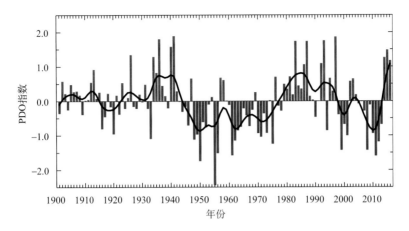

图 2.4　1901～2016 年太平洋年代际振荡指数

Fig 2.4　Annual mean PDO index from 1901 to 2016

　　1951～2016 年，热带印度洋（20°S～20°N，40°～110°E）海表温度呈现显著上升趋势。20 世纪 50 年代至 70 年代，热带印度洋海表温度较常年值持续偏低，之后以偏高为主[图 2.5（a）]。2016 年，热带印度洋海表温度距平值为 0.55℃，是 1951 年以来的次高值，仅略低于 2015 年。热带印度洋偶极子（TIOD）是热带西印度洋（10°S～10°N，50°～70°E）与东南印度洋（10°S～0°，90°～110°E）海表温度的跷跷板式反向变化，通常用前者减去后者定义为热带印度洋偶极子指数；该指数通常在夏季开始发展，秋季达到峰值，冬季快速衰减。2016 年，秋季热带印度洋偶极子指数为–0.17℃[图 2.5（b）]。

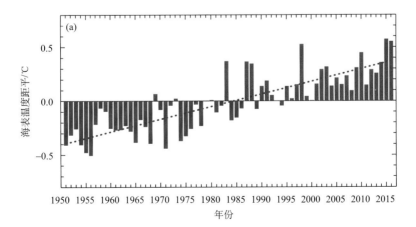

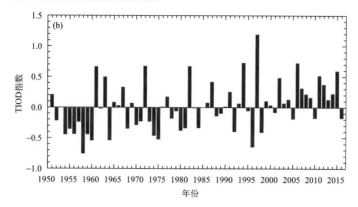

图 2.5　1951～2016 年热带印度洋年平均海表温度距平（a），点线为线性变化趋势线；
（b）秋季热带印度洋偶极子指数变化

Fig 2.5　(a) Annual mean sea surface temperature anomalies averaged in the tropical Indian Ocean, with the purple dotted line standing for the linear trend; and (b) variation of the tropical Indian Ocean dipole index in autumn (Sep-Oct-Nov) from 1951 to 2016

　　北大西洋年代际振荡（AMO）是发生在北大西洋区域海盆空间尺度的、多年代时间尺度的海温自然变率，振荡周期为 65～80 年。1951～2016 年，北大西洋（0°～60°N，0°～80°W）海表温度总体呈显著上升趋势，并表现出明显的年代际变化特征：20 世纪 50 年代海表温度总体偏高，60 年代至 70 年代海表温度以偏低为主，80 年代中期以来北大西洋海表温度持续偏高（图 2.6）。2016 年，北大西洋平均海表温度距平值为 0.53℃，较 2015 年上升 0.16℃。

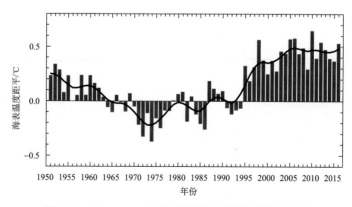

图 2.6　1951～2016 年北大西洋年平均海表温度距平

Fig 2.6　Annual mean sea surface temperature anomalies averaged in the North Atlantic from 1951 to 2016

## 2.3 海洋热含量

海洋热含量是表征气候变化的一种核心指标。2000 年，国际 Argo 计划正式启动，全球海洋立体观测系统极大地丰富了海洋观测资料。Argo 浮标可以快速、准确、大范围收集海洋上层海水温度、盐度剖面和漂移轨迹资料。海洋热含量分析显示，2001～2016 年，0～1500m 全球海洋热含量表现出显著增大趋势，且海水增暖主要发生在 0～300m 和 700～1500m 层位（图 2.7）。2016 年，0～1500m 全球海洋热含量较 2015 年有所降低，为 2001 年以来的第二高值，且海洋上层（0～300m）热含量较 2015 年下降较为明显。

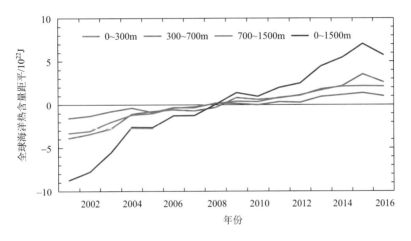

图 2.7  2001～2016 年全球海洋热含量距平

Fig 2.7  Global annual ocean heat content anomalies from 2001 to 2016

## 2.4 海平面

在气候变暖背景下，全球平均海平面持续上升。全球平均海平面上升是由气候变暖导致的海洋热膨胀、冰川与冰盖融化、陆地水储量变化等因素造成的，不同时段的海平面上升速率不同，各因子的贡献率也有变化。

据国家海洋局《2016 年中国海平面公报》，1980～2016 年，中国沿海海平面变化总体呈波动上升趋势，上升速率为 3.2mm/a，高于同期全球平均水平。2016 年，中国沿海海平面较 1993～2011 年平均值高 82mm，较 2015 年上升了 38mm，达 1980 年以来的最高位（图 2.8）。中国沿海海平面近五年（2012～2016 年）均处于 1980 年以来的高位，海平面从高到低排名前五位的年份依次为 2016 年、2012 年、2014 年、2013 年和 2015 年。

中国各海区沿海海平面变化监测表明，2016 年，渤海、黄海、东海和南海沿海海平面较 1993～2011 年平均值分别偏高 74mm、66mm、115mm 和 72mm，且较 2015 年分别上升 24mm、28mm、52mm 和 48mm。

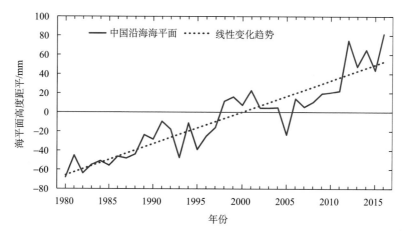

图 2.8　1980～2016 年中国沿海海平面距平（相对于 1993～2011 年平均值）

（资料来源：国家海洋信息中心）

Fig 2.8　Annual mean sea level anomalies (relative to 1993-2011) around China from 1980 to 2016

(Data source: National Marine Data & Inforamtion Service)

香港维多利亚港验潮站监测表明，1954～2016 年，维多利亚港年平均海平面呈显著上升趋势，平均每 10 年上升 31mm。海平面高度于 1990～1999 年急速上升后缓慢回落。2016 年，维多利亚港海平面高度为 1.49m，较 1993～2011 年平均值偏高 50mm（图 2.9）。

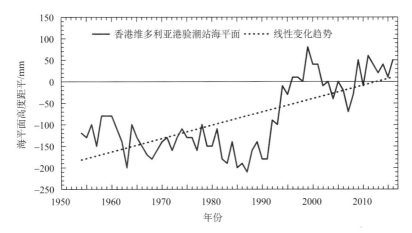

图 2.9 1954～2016 年香港维多利亚港海平面高度距平（相对于 1993～2011 年平均值）

（资料来源：香港天文台）

Fig 2.9 Annual mean sea level anomalies (relative to1993-2011) observed at the tide gauge station
of Hong Kong Victoria Harbor from 1954 to 2016

(Data source: Hong Kong Observatory)

# 第3章 冰 冻 圈

　　地球表层系统中，冰冻圈（又称冰雪圈）内的水体处于自然冻结状态，其组成要素包括冰川（含冰盖和冰帽）、冻土（包括多年冻土和季节冻土）、河冰、湖冰、积雪、冰架、冰山、海冰，以及大气圈对流层和平流层内的冻结水体。冰冻圈以高反照率、高冷储、巨大相变潜热、强大的冷水大洋驱动，以及温室气体源汇作用对全球和区域气候施加强烈的反馈作用，是气候系统五大圈层之一。冰冻圈变化不仅影响到全球的气候变化，而且对自然生态系统产生影响，其消退严重威胁到干旱和半干旱区的水资源。北冰洋海冰范围缩小将影响到北半球中高纬天气与气候，从而影响北极地区的航线与海运格局。

　　作为区域冰冻圈最为发育的地区之一，中国及周边地区冰冻圈与中国气候、环境、水资源，以及防灾减灾等经济社会可持续发展问题息息相关。本章从山地冰川、高原冻土、积雪和海冰的监测出发，揭示了冰冻圈气候变化观测事实，可为综合分析冰冻圈变化机制和机理，以及区域冰冻圈变化的适应、减缓和对策分析提供基础科技支撑信息。

## 3.1 海冰

### 3.1.1 北极海冰

　　北极海冰范围（海冰密集度≥15%的区域）通常在3月和9月分别达到其最大值和最小值。1979～2016年，北极海冰范围呈显著下降趋势，3月和9月海冰范围的线性趋势分别为平均每10年减少 $0.42 \times 10^6 km^2$[图3.1（a）]和 $0.87 \times 10^6 km^2$[图3.1（b）]。2016年3月，北极海冰范围是 $14.53 \times 10^6 km^2$，为有卫星观测记录以来的同期次低值，比2015年3月略有增加；2016年9月海冰范围为 $4.72 \times 10^6 km^2$，比2012年9月（有卫星观测记录以来的同期最小值）增加 $1.09 \times 10^6 km^2$，与2015年9月基本相持平。

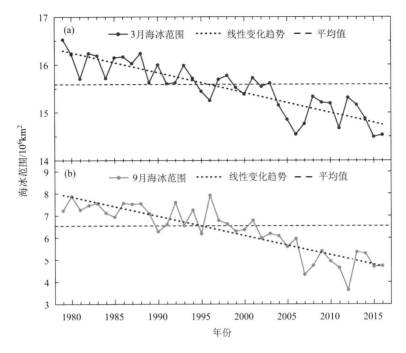

图 3.1　1979～2016 年 3 月（a）和 9 月（b）北极海冰范围变化

（黑色虚线为 1981～2010 年海冰范围的平均值）

Fig 3.1　(a) March and (b) September sea ice extent for the Arctic from 1979 to 2016

（Black dashed lines representing long-term average for 1981-2010）

## 3.1.2　南极海冰

与北极地区不同，南极海冰范围通常在 9 月和 3 月分别达到其最大值和最小值。1979～2016 年，南极海冰范围呈上升趋势，9 月和 3 月海冰范围的线性趋势为平均每 10 年增加 0.18×10$^6$km$^2$［图 3.2（a）］和 0.22×10$^6$ km$^2$［图 3.2（b）］。2016 年 9 月，南极海冰范围为 18.45×10$^6$km$^2$，较 1981～2010 年平均值偏小 0.38×10$^6$km$^2$，较 2015 年同期减小 0.31×10$^6$km$^2$；3 月海冰范围为 4.67×10$^6$km$^2$，略高于 1981～2010 年平均值，但较 2015 年同期减少 0.84×10$^6$ km$^2$。

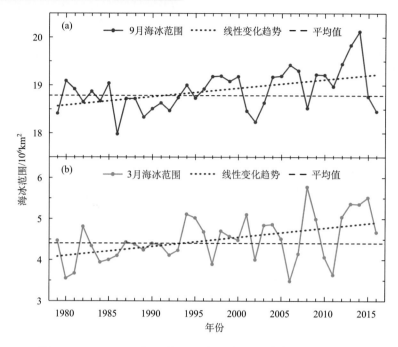

图 3.2 1979～2016 年 9 月（a）和 3 月（b）南极海冰范围变化

（黑色虚线为 1981～2010 年海冰范围的平均值）

Fig 3.2 (a) September and (b) March sea ice extent for the Antarctic from 1979 to 2016

（Black dashed lines representing long-term average for 1981-2010）

### 3.1.3 渤海海冰

中国海冰主要出现在每年冬季的渤海，是全球纬度最低的结冰海域。海冰冰情演变一般分为初冰期、发展期（严重冰期）和融退期（终冰期）三个阶段。

卫星监测结果显示，2015/2016 年冬季，渤海海冰生成于 2015 年 11 月下旬，融退于 2016 年 3 月上旬；冰情总体上较常年偏重，海冰覆盖范围偏大（图 3.3）。2016 年 1 月下旬至 2 月上旬，渤海湾、莱州湾出现较明显海冰覆盖。其中 1 月下旬渤海海冰覆盖面积为 $28.07 \times 10^3 km^2$，是 2015 年同期的 3.8 倍，接近有卫星监测记录以来的同期最大值。2015/2016 年冬季，渤海全海域最大海冰面积为 $30.12 \times 10^3 km^2$，出现于 2016 年 1 月底（图 3.4）。

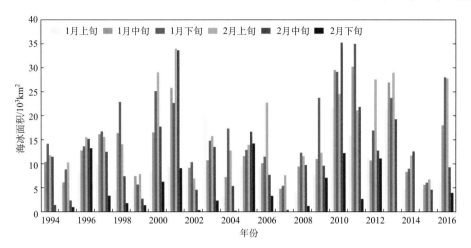

图 3.3  1994～2016 年逐旬（ 1 月上旬至 2 月下旬）渤海最大海冰面积变化

Fig 3.3  Variation of the dekad maximum sea ice area in Bohai Sea from early January to late February during 1994-2016

图 3.4  中国渤海海冰监测图（FY3B/MERSI）2016 年 1 月 31 日

Fig 3.4  Satellite monitoring image of the Bohai sea ice (FY3B /MERSI) on January 31, 2016

## 3.2 冰川

冰川物质平衡是表征冰川积累和消融的重要指标，主要受控于能量收支状况，对气候变化响应敏感。中国天山乌鲁木齐河源 1 号冰川（简称 1 号冰川）是全球参照冰川之一。监测结果表明，1960～2016 年，1 号冰川平均物质平衡量为–339mm/a，冰川呈加速退缩趋势，与全球冰川总体变化一致。1960 年以来，1 号冰川经历了两次加速消融过程[图 3.5（a）]：第一次发生在 1985 年前后，导致多年平均物质平衡量由 1960～1984 年的–81mm/a 降至 1985～1996 年的–273mm/a；第二次从 1997 年开始，更为强烈，致使 1997～2016 年的多年平均物质平衡量降至–701mm/a，其中 2010 年冰川物质平衡量跌至–1327mm，为有观测资料以来的最低值。2011 年以来，冰川物质平衡量表现出波动性变化，在经历 2011～2014 年的阶段性消融减缓后，再次转入高物质亏损状态。1960～2016 年，1 号冰川累积物质平衡量达–19.33m，即假定面积不变的条件下，冰川厚度平均减薄 19.33m 水当量。2016 年，1 号冰川物质平衡量为–1017mm，低于 2015 年（–967mm），为有观测记录以来仅次于 2010 年的第二低位，表明最近两年 1 号冰川处于持续剧烈消融状态。

中国北极黄河站监测的 Austre Lovénbreen 冰川（简称 A 冰川），是北极地区的参照冰川之一。自 1994 年开始连续观测以来，A 冰川亦处于物质亏损状态。1995～2016 年，A 冰川平均物质平衡量为–363mm/a，累积物质平衡量为–4.00m 水当量[图 3.5（b）]。2016 年，A 冰川物质平衡量达–1050mm，为有观测记录以来的最低值，表明 2016 年是近 10 年来 A 冰川消融最为强烈的一年。

从全球范围来看，2016 年是冰川物质损失最为剧烈的年份之一。据世界冰川监测服务处资料[图 3.5（c）]，2016 年全球 40 条参照冰川物质平衡量平均值为–852mm 水当量，尽管较 2015 年的–1177mm 略有升高，但全球冰川总体仍处于高位物质亏损状态。

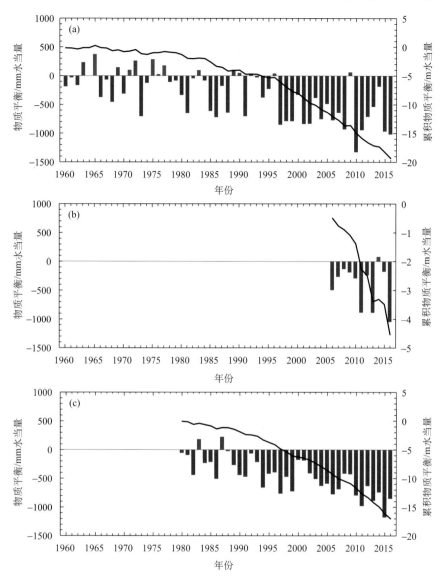

图 3.5 中国天山乌鲁木齐河源 1 号冰川（a）、北极地区 Austre Lovénbreen 冰川（b）和全球
参照冰川平均（c）物质平衡（柱形图）和累积物质平衡（曲线）变化

（资料来源：中国科学院天山冰川观测实验站和世界冰川监测服务处）

Fig 3.5 Mass balance (column) and cumulative mass balance (curve) of (a) Glacier No.1 at the
headwaters of Urumqi River in Tianshan Mountain; (b) Arctic Austre Lovénbreen Glacier; and (c)
average of global reference glaciers

(Data sources: Tianshan Glaciological Station, Chinese Academy of Sciences; World Glacier Monitoring Service)

冰川末端进退亦是反映冰川变化的重要监测指标之一，是冰川对气候变化的综合及滞后响应。1980 年以来，天山乌鲁木齐河源 1 号冰川末端退缩速率总体呈加快趋势（图 3.6）。由于强烈消融，1 号冰川在 1993 年分裂为东、西两支。监测结果表明，在冰川分裂之前的 1980～1993 年，冰川末端平均退缩速率为 3.6m/a；1994～2016 年，东、西支平均退缩速率分别为 4.4m/a 和 5.8m/a。2011 年之前，西支退缩速率大于东支，之后两者退缩速率呈现出交替变化特征。2016 年，东、西支退缩速率分别为 6.3m/a 和 7.2m/a，其中西支退缩速率为 1993 年 1 号冰川分裂以来的最大值。

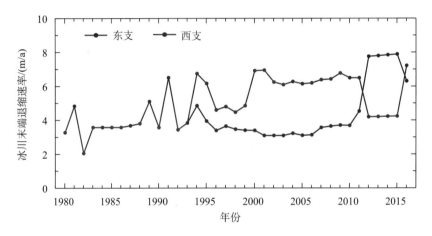

图 3.6　1980～2016 年中国天山乌鲁木齐河源 1 号冰川末端退缩速率

（资料来源：中国科学院天山冰川观测实验站）

Fig 3.6　Retreat rate of Glacier No.1 at the headwaters of Urumqi River in Tianshan Mountain from 1980 to 2016

(Data source: Tianshan Glaciological Station, Chinese Academy of Sciences)

## 3.3　积雪

卫星监测表明，青藏高原、东北和内蒙古，以及新疆地区积雪覆盖率年际振荡明显。2000 年以来，各区域积雪覆盖率均呈不同程度增多趋势。2015 年 11 月至 2016 年 2 月，青藏高原地区、东北和内蒙古东部地区，以及新疆地区的积雪覆盖率分别比 1990 年以来同期平均值偏高 31%、63%和40%，其中新疆积雪区积雪覆盖率为 1990 年以来的最高值，青藏高原地区、东北和内蒙古地区均为 1990 年以来的第二高值（图 3.7）。

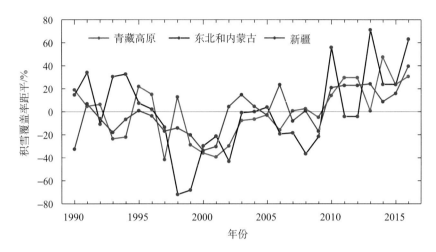

图 3.7　1990～2016 年度冬季中国主要积雪区积雪覆盖率距平

（横坐标年份表示上年 11 月至当年 2 月）

Fig 3.7　Snow cover fraction anomalies over the major snow-covered regions of China in winter from 1990 to 2016

(Abscissa years stand for a period from the preceding November to the current February)

积雪日数监测结果显示，2015 年 11 月至 2016 年 2 月，东北大部、内蒙古中部和东部大部分地区、北疆大部、天山地区和南疆西部山区等地区积雪日数达 60 天以上，其中部分地区超过 100 天（图 3.8）。

与 1990～2016 年同期平均值相比，东北地区大部、内蒙古中部和东部、沿天山地区、南疆西部山区、青藏高原东南部部分地区等地积雪日数偏多 20%以上，东北地区西部和内蒙古中部局部地区偏多 60%以上；青海南部、西藏东北部及喜马拉雅山中西段地区偏少 20%～40%，部分地区偏少 40%以上（图 3.9）。

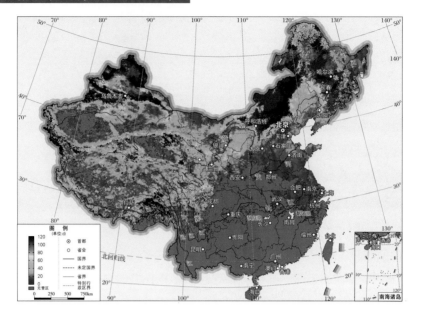

图 3.8　2015 年 11 月至 2016 年 2 月积雪日数分布

Fig 3.8　Distribution of the snow cover days across China from November 2015 to February 2016

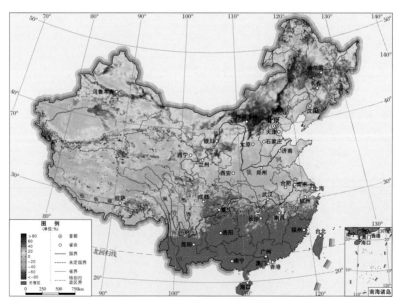

图 3.9　2015 年 11 月至 2016 年 2 月积雪日数距平百分率分布

Fig 3.9　Distribution of the snow days anomaly percentages across China from November 2015 to February 2016

# 3.4  冻土

活动层是多年冻土与大气间的"缓冲层",是多年冻土与大气之间水热交换的过渡层。活动层厚度是下垫面水热综合作用的结果,其为多年冻土区气候环境变化最直观的监测指标之一,也是多年冻土区水文、生态研究,乃至工程设计和建设的一个重要指标。青藏公路沿线(昆仑山垭口至两道河段)多年冻土区 10 个活动层观测场监测结果显示(图 3.10),1981~2016 年,活动层厚度呈明显增加趋势,平均每 10 年增厚 18.9cm。相同时段内,观测区平均气温呈显著升高趋势,升温速率达 0.59℃/10a。受区域增温的影响,活动层近年表现出增厚加快的特点,多年冻土退化明显。2016 年,观测区平均气温较 1981~2010 年平均值偏高 1.5℃,为 20 世纪 50 年代末有连续气象观测记录以来的最高值;观测区平均的活动层厚度达到 240 cm,较 2015 年增加 3 cm,亦创下直接观测的新纪录。

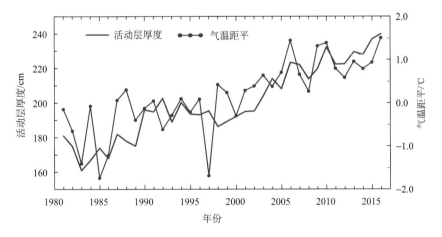

图 3.10  1981~2016 年青藏公路沿线多年冻土区活动层厚度和气温距平(相对于 1981~2010 年平均值)

(活动层资料来源:中国科学院青藏高原冰冻圈观测研究站)

Fig 3.10  Active layer thickness and surface air temperature anomalies (relative to 1981-2010) of the permafrost zone along the Qinghai-Tibet Highway from 1981 to 2016

(Activity layer thickness data source: the Cryosphere Research Station on the Qinghai-Tibetan Plateau, Chinese Academy of Sciences)

　　西藏中东部地区 15 个气象站点季节冻土最大冻结深度监测结果显示（图3.11），1961～2016 年，季节冻土最大冻结深度总体呈减小趋势，平均每十年减小 6.7cm；且阶段性变化特征明显，20 世纪 60 年代至 80 年代中前期，最大冻结深度以较大幅度的年际波动为主，80 年代中期以来呈显著减小趋势，1998 年以来持续小于 1981～2010 年平均值，近 10 年来年际波动幅度相对较小。2016 年，西藏中东部地区季节冻土最大冻结深度较 1981～2010 年平均值偏小 16.1cm，为1961 年以来的第 4 低值，位列 2006 年（–19.4cm）、2009 年（–16.4cm）和 2014年（–16.2cm）之后。

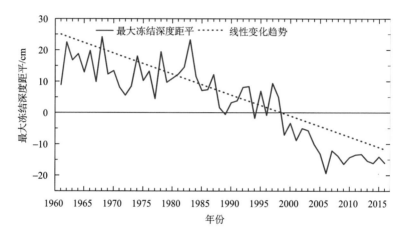

图 3.11　1961～2016 年西藏中东部地区季节冻土最大冻结深度距平

（相对于 1981～2010 年平均值）

Fig 3.11　Maximum frozen depth anomalies (relative to 1981-2010) averaged in seasonally frozen ground zone of the central and eastern Tibet from 1961 to 2016

# 第4章 陆地生态

陆地占地球表面的 29%，陆地生态系统可为人类生存和发展提供食物、水和居住地等不可或缺的自然资源。陆地生物圈通过调节水循环、碳氮循环和能量循环过程从而影响整个气候系统，同时对人体健康、基础设施建设和众多行业领域产生深远的影响。综合利用地面观测和卫星遥感资料开展对气候、水文及生态过程等相关陆面过程关键要素或变量的监测，是科学认识陆地生物圈和水循环变化规律和趋势的重要前提。

本章提供中国陆地生态系统关键要素，包括地表温度、植被、农田生态系统温室气体通量、土壤湿度、水体面积、地表水资源和地下水等的变化趋势及最新状态，以及典型区域生态气候指标变化的信息。

## 4.1 地表温度

1961～2016 年，中国年平均地表面温度呈显著上升趋势，平均每 10 年上升 0.31℃（图 4.1）。20 世纪 60 年代至 70 年代中期，中国年平均地表面温度呈阶段性下降趋势，之后中国年平均地表面温度呈明显上升趋势，尤其是 1997 年以来，中国年平均地表面温度持续高于常年值，但近 10 年变化趋于平稳。2016 年，中国年平均地表面温度为 13.7℃，较常年值偏高 1.3℃。

2016 年，中国大部地区地表温度较常年值偏高，黄河流域及其以北地区普遍偏高 1℃以上，东北地区中北部、内蒙古中东部、西北地区中西部及西藏西北部偏高 2～6℃；广东大部和云南中部部分地区地表温度较常年值略偏低（图 4.2）。

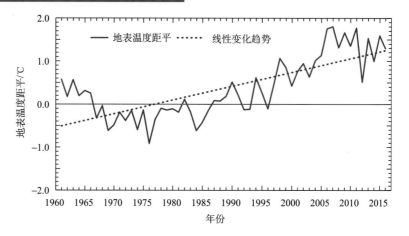

图 4.1　1961～2016 年中国年平均地表温度距平

Fig 4.1　Annual mean land surface temperature anomalies over China from 1961 to 2016

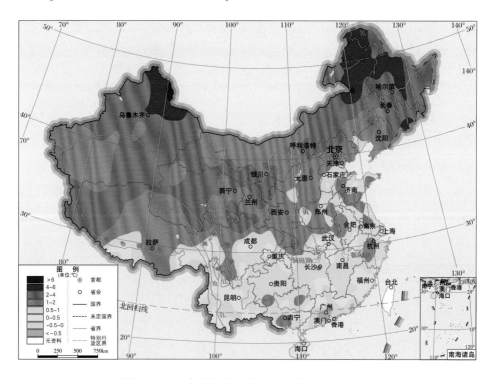

图 4.2　2016 年中国年平均地表温度距平空间分布

Fig 4.2　Distribution of annual mean land surface temperature anomalies across China in 2016

## 4.2　土壤湿度

1993～2016 年，中国不同深度（10 cm、20 cm 和 50 cm）年平均土壤相对湿度总体均呈增加趋势，且随着深度的增加，土壤相对湿度增大。从阶段性变化来看，20 世纪 90 年代至 21 世纪初，三种深度土壤相对湿度均呈减小趋势，之后呈上升趋势，特别是 2012 年以来增加趋势明显（图 4.3）。2016 年，中国 10 cm、20 cm 和 50 cm 深度年平均土壤相对湿度分别为 76%、79% 和 80%，均较 2015 年略有下降。

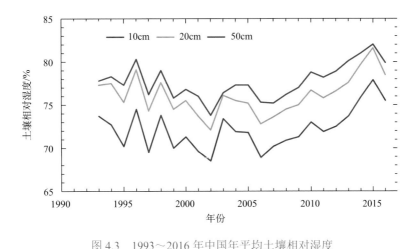

图 4.3　1993～2016 年中国年平均土壤相对湿度

Fig 4.3　Annual mean relative soil moisture over China from 1993 to 2016

## 4.3　陆地植被

### 4.3.1　植被覆盖

2016 年，中国年平均归一化植被指数（NDVI）为 0.30，冬季、春季、夏季、秋季全国平均 NDVI 分别为 0.21、0.27、0.41 和 0.31。总体来看，2016 年中国区域的 NDVI 与近 5 年同期接近；与 2015 年同期相比，2016 年夏季 NDVI 略有上升，秋季小幅降低，冬季、春季和年平均 NDVI 无明显变化（图 4.4）。

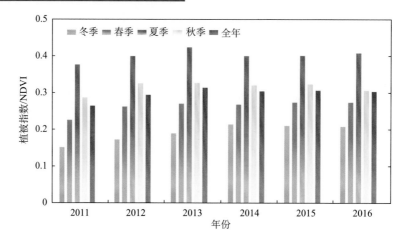

图 4.4  2011～2016 年气象卫星（FY-3B）监测的中国年/季节平均植被指数

Fig 4.4  Annual/seasonal normalized vegetation index averaged over China unveiled by metorological satellite (FY-3B) from 2011 to 2016

2016 年，中国中东部大部地区、北疆地区和青藏高原中东部年平均 NDVI 超过 0.2，东北地区东部和北部、内蒙古中东部、黄淮及其以南地区年平均 NDVI 超过 0.4，安徽南部、浙江南部、福建大部、江西西部和南部、湖南南部、贵州南部、四川西南部、云南大部、广西北部、广东西北部、海南 NDVI 高于 0.6，植被覆盖明显好于其他地区；内蒙古西部、甘肃西北部、新疆中南部和青藏高原西北部年平均 NDVI 低于 0.2，植被覆盖相对较差。与 2011 年以来同期相比，2016 年全国大部分地区年平均 NDVI 与近年接近，湖南西南部、广西大部、四川东南部和贵州南部较近 5 年平均值偏高，植被长势偏好；东北地区北部部分地区、内蒙古东部、青藏高原东南部部分地区 NDVI 较近 5 年平均值偏低，植被长势偏差（图 4.5）。

### 4.3.2  气候生产潜力

1961～2016 年，内蒙古草甸草原区气候生产潜力呈弱的下降趋势，平均每 10 年减少 65kg/hm²；而荒漠草原区由于近年来降水增多，气候生产潜力呈显著上升趋势，平均每 10 年增加 106kg/hm²（图 4.6）。2016 年，内蒙古荒漠草原区和草甸草原区气候生产潜力分别为 4957.1kg/hm² 和 7891.6 kg/hm²，较常年值分别偏多 1250.6kg/hm² 和 907.0 kg/hm²。

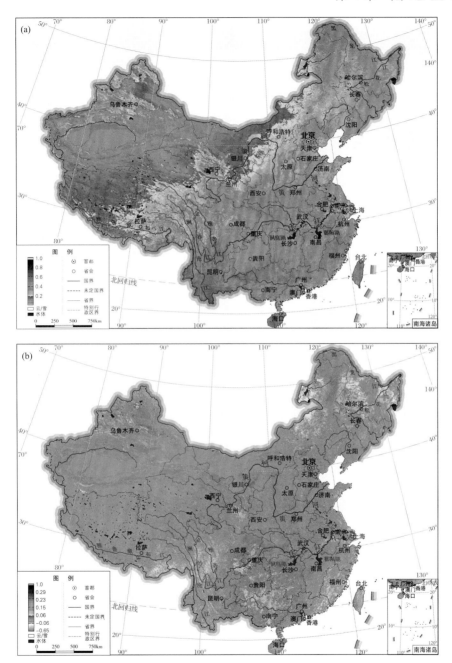

图 4.5 气象卫星（FY-3B）监测 2016 年中国归一化植被指数（a）及距平（b）

Fig 4.5 Distribution of (a) the normalized vegetation index; and (b) anomalies acorss China
unveiled by meterological satellite (FY-3B) in 2016

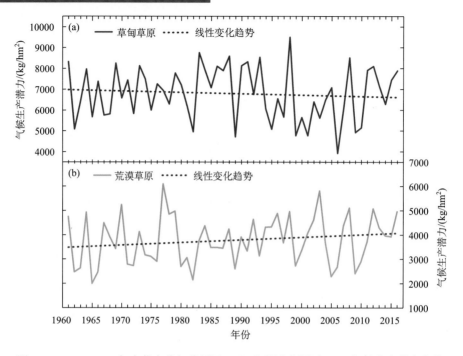

图 4.6　1961～2016 年内蒙古草甸草原区（a）和荒漠草原区（b）气候生产力变化

Fig 4.6　Variation of climatic potential productivities of (a) the meadow steppe; and (b) the desert steppe in Inner Mongolia from 1961 to 2016

1961～2016 年，藏东南森林和藏北草地气候生产潜力均呈明显增加趋势（图 4.7），平均每 10 年分别增加 149.8 kg/hm$^2$ 和 169.7 kg/hm$^2$。2016 年，藏东南森林和藏北草地气候生产潜力较常年值分别偏高 807.7 kg/hm$^2$ 和 994.8 kg/hm$^2$；藏北草地气候生产潜力达 6941.5 kg/hm$^2$，为 1961 年以来的最高值。

### 4.3.3　农田生态系统二氧化碳通量

寿县国家气候观象台于 2007 年建成近地层二氧化碳通量观测系统，下垫面为水稻和冬小麦轮作农田，监测评估主要温室气体通量变化，为科学认识中国东部半湿润半干旱季风区典型农田生态系统碳循环过程提供事实依据。

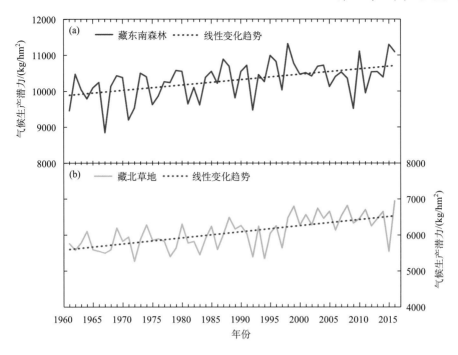

图 4.7　1961～2016 年藏东南森林（a）和藏北草地（b）气候生产潜力变化

Fig 4.7　Variation of climatic potential productivities of (a) the southeastern Tibetan forests; and (b) the northern Tibetan meadow steppe from 1961 to 2016

　　2007～2016 年，寿县国家气候观象台观测的农田生态系统（稻茬冬小麦和一季稻）主要表现为二氧化碳净吸收。2008～2012 年，二氧化碳通量平均值为 –5.05kg/(m²·a)。2016 年，二氧化碳通量为–4.42 kg/(m²·a)，净吸收较 2008～2012 年平均值偏少 0.63 kg/(m²·a)。年内变化分析表明，农田生态系统二氧化碳排放与吸收呈双峰型动态特征（图 4.8），与作物生育阶段有着密切关系。早春，随冬小麦的返青生长，二氧化碳通量逐渐表现为净吸收，并随着生长发育而增强；6 月，随着小麦的成熟收割、腾茬、水稻种植（插秧），下垫面的呼吸与分解使二氧化碳通量表现为净排放；其后随着水稻进入生长期，二氧化碳通量再次表现为净吸收，直至 10 月上旬水稻成熟；而水稻收获期、冬小麦播种与出苗期，二氧化碳通量基本表现为弱排放。不考虑作物在收获后分解与呼吸的前提下，农田生态系统的二氧化碳通量全年总体表现为净吸收。

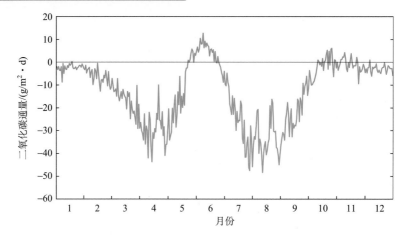

图 4.8　寿县国家气候观象台二氧化碳通量逐日变化（2007～2016 年平均）

Fig 4.8　Daily carbon dioxide flux variation observed at Shouxian National Climate Observatory
(the average for 2007-2016)

### 4.3.4　物候变化

旱柳为东北地区常见树种，属多年生木本植物，喜光、耐寒，湿地、旱地皆能生长。辽宁阜新站（121°45′ E，42°04′ N；海拔 167.8 m）于 1981 年开始旱柳物候期观测，主要观测的物候期包括：萌动期、展叶期、开花期、果实成熟期、叶变色期和落叶期。

1981～2016 年，旱柳展叶期始期呈不显著提前趋势，20 世纪 80 年代总体偏晚，90 年代至 21 世纪初总体偏早，2010 年之后略有推迟［图 4.9（a）］。1981～2016 年，旱柳开花期盛期呈显著提前趋势，平均每 10 年提前 3.8 天；1995 年之前明显偏晚，1995～2010 年总体偏早，2010 年之后略有推迟［图 4.9（b）］。

1981～2016 年，旱柳落叶期始期亦呈显著推迟趋势，平均每 10 年推迟 4.3 天；2000 年之前明显偏早，之后总体偏晚（图 4.10）。

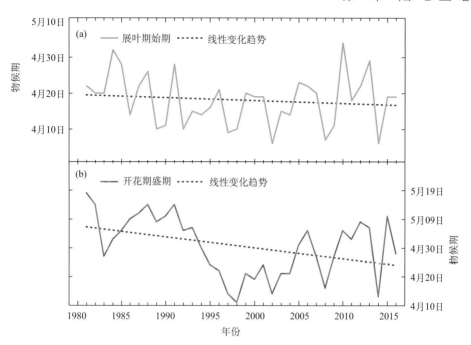

图 4.9　1981～2016 年东北地区旱柳展叶期始期（a）和开花期盛期（b）变化

Fig 4.9　Variation of (a) the beginning of *Salix matsudana*'s leaf-expansion period; and (b) full blooming period in Northeast China from 1981 to 2016

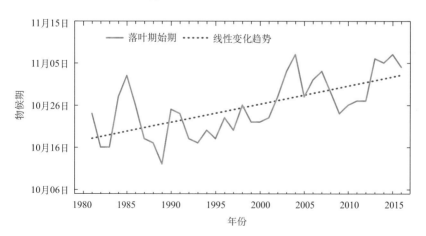

图 4.10　1981～2016 年东北地区旱柳落叶期始期变化

Fig 4.10　Variation of the beginning of *Salix matsudana*'s leaf-falling period in Northeast China from 1981 to 2016

## 4.4 湖泊与湿地

### 4.4.1 鄱阳湖面积

1989～2016 年，鄱阳湖 8 月水体面积呈缓慢上升趋势。1998 年之前鄱阳湖 8 月水体面积总体偏小，但 1998 年以来水体面积年际波动幅度明显变大，水体面积最大值和最小值分别出现在 1998 年和 1999 年。2016 年 8 月，鄱阳湖水体面积较 1991～2010 年同期平均值偏大 12%（图 4.11）。

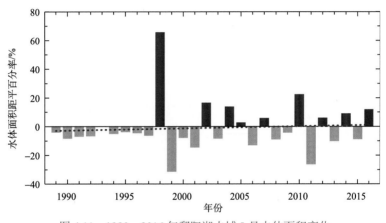

图 4.11　1989～2016 年鄱阳湖水域 8 月水体面积变化

（点线为线性趋势线）

Fig 4.11　Waterbody area anomaly percentages of the Poyang Lake in August from 1989 to 2016

(The purple dotted line standing for the linear trend)

2016 年汛期（5～9 月），鄱阳湖水体面积在 3000 km$^2$ 以上，5～7 月有所增大后，7～9 月逐步下降。其中 7 月面积最大，水体面积达 4015 km$^2$；9 月面积最小，为 3083 km$^2$，仅为 7 月面积的 77%（图 4.12）。

### 4.4.2 洞庭湖面积

1989～2016 年，洞庭湖 8 月水体面积呈减小趋势，自 2006 年以来洞庭湖的水体面积总体偏小，但 2016 年水体面积明显偏大。1989 年以来，洞庭湖 8 月水体面积的最大值和最小值分别出现在 1996 年和 2006 年。2016 年 8 月，洞庭湖水体面积较 1991～2010 年同期平均值偏大 13%（图 4.13）。

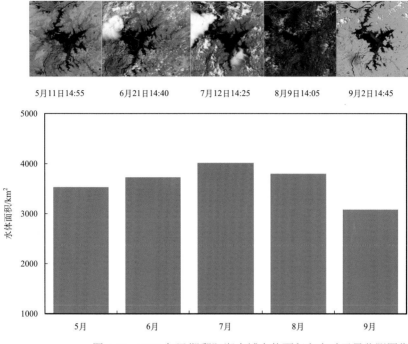

图 4.12　2016 年汛期鄱阳湖水域水体面积和实时卫星监测图像

（利用 FY-3B/MERSI 卫星数据制作）

Fig 4.12　Waterbody area variation of the Poyang Lake during the flood season and associated satellite (FY-3B/MERSI) images in 2016

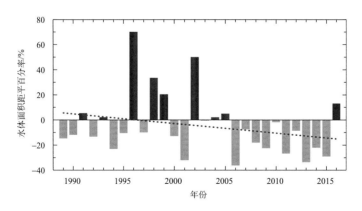

图 4.13　1989～2016 年洞庭湖水域 8 月水体面积变化

（点线为线性趋势线）

Fig 4.13　Waterbody area anomaly percentages of the Dongting Lake in August from 1989 to 2016

(The purple dotted line standing for the linear trend)

2016 年汛期（5～9 月），洞庭湖水体面积月际变化幅度较大，5～6 月水体面积基本持平，7 月增幅明显，之后逐渐减小。其中 7 月面积最大，达 2262 km$^2$；9 月面积最小，为 1144 km$^2$，仅为 7 月面积的 51%（图 4.14）。

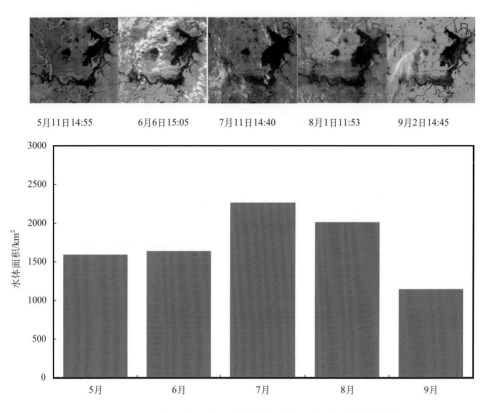

图 4.14　2016 年汛期洞庭湖水域水体面积和实时卫星监测图像

（利用 FY-3B/MERSI 和 EOS/MODIS 卫星数据制作）

Fig 4.14　Waterbody area variation of the Dongting Lake during the flood season and associated satellite (FY-3B/MERSI and EOS/MODIS) images in 2016

### 4.4.3　华中地区湖泊湿地面积

20 世纪 50 年代以来，华中地区主要湖泊湿地的面积呈减小趋势（图 4.15）。洞庭湖湿地面积减少最为明显，由 20 世纪 50 年代的 4350 km$^2$ 减小至 21 世纪初的 2797 km$^2$（2001～2010 年平均值），面积缩小 36%；洪湖湿地面积从 20 世

50 年代到 21 世纪初，面积缩小近 50%。2001～2016 年，华中地区主要湖泊湿地面积处于缓慢减少或稳定状态，其中洪湖和梁子湖受 2016 年强降水事件影响均超过保证水位，梁子湖水位创有观测记录的新高。2016 年，洞庭湖湿地面积为 1134 km²，较 2015 年（1019 km²）有小幅增长。

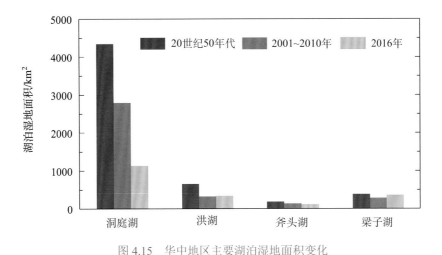

图 4.15　华中地区主要湖泊湿地面积变化

Fig 4.15　Variation of the major lake wetland area in Central China

### 4.4.4　青海湖水位

青海湖是中国最大的内陆湖泊和咸水湖，位于青藏高原的东北部。湖泊水位是反映区域生态气候和水循环的重要监测指标。1961～2004 年，青海湖水位呈显著下降趋势，平均每 10 年下降 0.76 m。2005 年开始，青海湖水位止跌回升，转入上升期。2016 年，青海湖水位达 3194.53 m，较 2015 年上升 0.09 m，较 1981～2010 年平均值高出 0.99 m。2005 年以来，青海湖水位连续 12 年回升，累计上升 1.66 m，已接近 20 世纪 70 年代末的水平（图 4.16）。

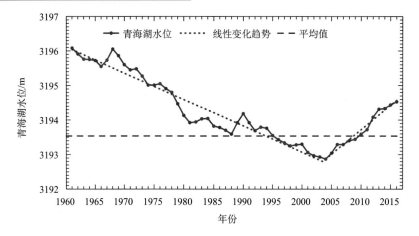

图 4.16　1961～2016 年青海湖水位变化

（黑色虚线为 1981～2010 年平均值，数据来源：青海省水利厅）

Fig 4.16　Variation of the water level of the Qinghai Lake from 1961 to 2016

The black dashed line representing the average for 1981-2010, and the purple dotted lines standing for the linear trend

(Data source: Qinghai Provincial Water Resources Department)

# 4.5　水资源

### 4.5.1　地表水资源

1961～2016 年，中国十大流域中松花江、长江、珠江、东南诸河和西北内陆河流域地表水资源量总体表现为增加趋势，辽河、海河、黄河、淮河和西南诸河流域则表现为减少趋势（表 4.1、图 4.17）。其中，西北内陆河流域地表水资源量增加的相对速率最大，平均每 10 年增加 4.1%；西南诸河流域地表水资源量减少的相对速率最大，平均每 10 年减少 3.8%。

2016 年，西南诸河流域地表水资源量较常年值偏少 10.2%；其余流域均较常年值偏多，其中西北内陆河、东南诸河和长江流域地表水资源量均为 1961 年以来的最多，分别较常年值偏多 37.4%、34.1% 和 19.3%（表 4.1）。

表 4.1　1961～2016 年中国十大流域地表水资源量变化趋势及 2016 年状况

Table 4.1　The trend of annual surface water resources of 10 watersheds across China during 1961-2016 and the status of 2016

| 流域 | 2016 年地表水资源总量/$10^8$ m$^3$ | 2016 年距平/$10^8$ m$^3$ | 2016 年距平百分率/% | 1961～2016 年线性趋势* |
|---|---|---|---|---|
| 松花江 | 1187.3 | 159.9 | 15.6 | 6.6(0.6) |
| 辽河 | 447.9 | 58.1 | 14.9 | −1.9(−0.5) |
| 海河 | 139.9 | 22.1 | 18.7 | −2.5(−2.1) |
| 黄河 | 517.7 | 34.0 | 7.0 | −6.9(−1.4) |
| 淮河 | 866.8 | 75.9 | 9.6 | −4.3(−0.5) |
| 长江 | 12443.9 | 2016.5 | 19.3 | 49.6(0.5) |
| 珠江 | 5287.3 | 745.4 | 16.4 | 42.3(0.9) |
| 东南诸河 | 2355.9 | 598.9 | 34.1 | 43.1(2.5) |
| 西南诸河 | 4795.1 | −543.0 | −10.2 | −201.7(−3.8) |
| 西北内陆河 | 419.0 | 114.1 | 37.4 | 12.4(4.1) |

*线性趋势分为绝对速率（单位：$10^8$ m$^3$/10a）和相对速率（括号内值，单位：%/10a），相对速率是指绝对速率相对于流域地表水资源量常年值的百分率值。

2016 年，中国平均年径流深为 378.8 mm，较常年值偏高 49.4 mm。与常年值相比（图 4.18），全国大部地区径流深较常年值偏高，长江流域南部和东部、珠江流域东部和东南诸河流域偏高 100～400 mm，局部地区偏高 400 mm 以上；松花江流域西部、黄河流域南部至长江流域北部、珠江流域西南部、西南诸河流域西部及东南部径流深较常年值偏低。

### 4.5.2　地下水

地下水水位与地质结构和环境因素如降水量、河道流量及持续时间、渗入量及人类活动用水强度等密切相关，在不同区域、不同时段高低不一。

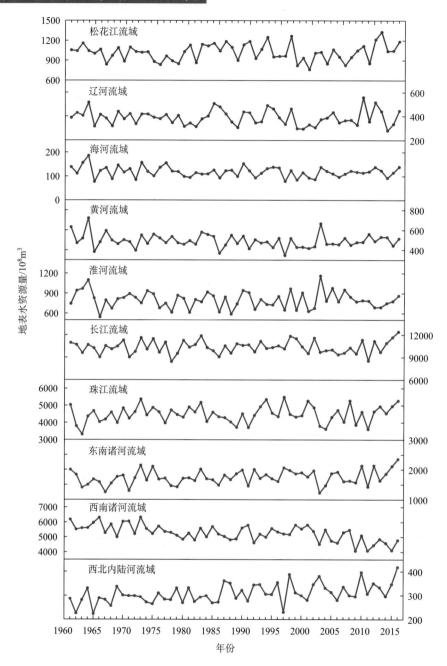

图 4.17 1961～2016 年中国十大流域地表水资源量

Fig 4.17 Annul surface water resources of major watersheds across China from 1961 to 2016

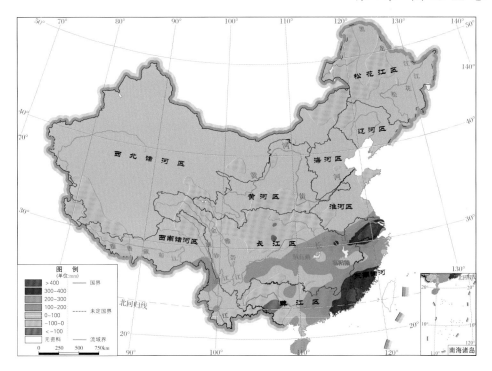

图 4.18　2016 年中国径流深距平分布

Fig 4.18　Distribution of the runoff depth anomalies across China in 2016

1. 河西走廊地下水水位

2005～2016 年，河西走廊西部敦煌和月牙泉监测点地下水水位缓慢下降；河西走廊东部的武威东部荒漠区水位下降明显，武威中部绿洲区和北部绿洲区水位先下降后上升（图 4.19）。2016 年，河西走廊地区各监测点地下水埋深，敦煌为 21.0 m，月牙泉为 13.8 m，武威中部绿洲区为 6.2 m，地下水水位分别较 2015 年上升 0.1 m、0.1 m 和 0.2 m；武威东部荒漠区地下水埋深为 33.4 m，武威北部绿洲为 26.1 m，地下水水位分别较 2015 年下降 0.3 m 和 0.2 m。地下水水位的年内变化受外界水环境差异和人类扰动强度影响，作物生长季节下降，冬季农事歇息期回升。

2. 江汉平原地下水水位

1981～2016 年，江汉平原荆州站地下水水位与年降水量变化趋势基本一致，水位与降水量密切相关。降水量出现丰枯变化时，地下水水位也随之产生高低变化，地下水水位在汛期较高，冬春季较低。2016 年，荆州站年降水量为 1130.9 mm，比 1981～2010 年平均值偏多 53.8mm，但较 2015 年偏少 147.8mm，年均地下水埋深为 1.36 m，地下水水位较 2015 年略有下降 （图 4.20）。

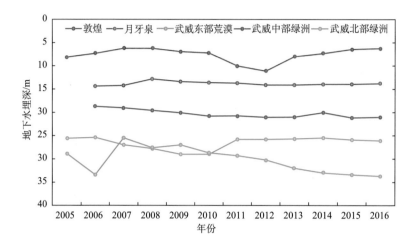

图 4.19　2005～2016 年河西走廊典型生态区地下水埋深变化

Fig 4.19　Variation of the annual groundwater depth in the typical ecological regions, Hexi Corridor from 2005 to 2016

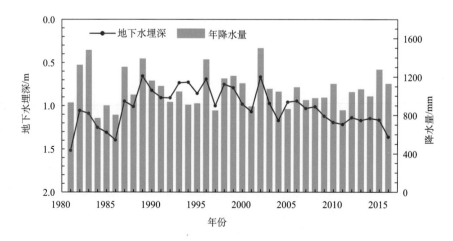

图 4.20　1981～2016 年荆州站地下水埋深和降水量变化

Fig 4.20　Variation of the annual groundwater depth and precipitation observed at Jingzhou observing site from 1981 to 2016

## 4.6　荒漠化与石漠化

### 4.6.1　石羊河流域荒漠化

石羊河流域位于河西走廊东部，是西北地区生态气候变化的敏感区和脆弱区。石羊河流域沙漠边缘进退速度主要受风的动力作用（受控于风向、风速和大风日数等风场要素）影响。2005～2016 年，石羊河流域沙漠边缘外延速度虽有波动，但总体为减缓趋势，特别是凉州区东沙窝监测点沙漠边缘扩张速度明显减缓（图 4.21）；民勤和凉州监测点沙漠边缘向外推进的平均速度分别为 2.51 m/a 和 1.19 m/a。2016 年，民勤沙漠边缘向外推进了 4.25 m，为 2005 年以来最多；凉州区沙漠边缘向外推进 0.90 m。

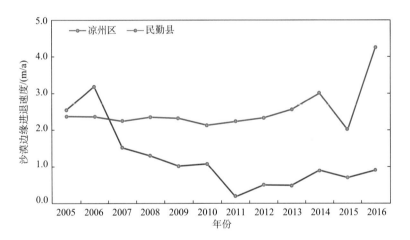

图 4.21　2005～2016 年石羊河流域沙漠边缘进退速度变化

Fig 4.21　Variation of advancing and retreating speed of the desert rims in the Shiyang River Basin from 2005 to 2016

2005～2016 年，石羊河流域荒漠面积总体呈减小趋势。2016 年，流域荒漠面积 1.50×10⁴ km²，与 2015 年接近，为 2005 年以来的第二低值（图 4.22）。2005～2016 年，石羊河流域处于降水偏多（植被生长关键季节降水明显增多）的年代际背景下，加之 2006 年启动人工输水工程，受气候因素和工程治理措施的共同影响，流域生态环境明显趋于好转。

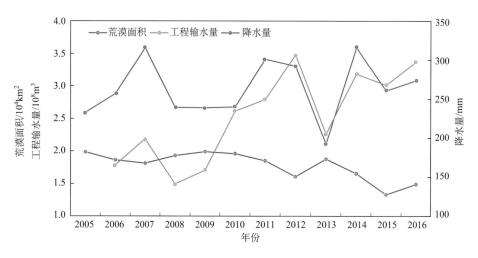

图 4.22　2005～2016 年石羊河流域荒漠面积与降水量和工程输水量变化

Fig 4.22　Variation of annual desertification area, precipitation and water volumes transported through engineering projects in the Shiyang River Basin from 2005 to 2016

### 4.6.2　岩溶区石漠化

石漠化是广西岩溶区突出的生态问题，主要分布于河池市、百色市等 9 市 75 个县（市、区），石漠化区占广西土地总面积的 8.14%。2000～2016 年，经采取退耕还林、植树造林等措施，通过发展特色产业、立体生态综合治理、发展草食畜牧业和生态旅游开发等多种模式，广西石漠化区综合治理并取得良好效果，石漠化趋势得到有效遏制。2005 年、2011 年和 2015 年石漠化片区森林覆盖率分别为 52.7%、59.8% 和 62.2%。

2000～2016 年，广西石漠化区秋季植被指数总体呈增加趋势，石漠化区植被指数由 2000 年的 0.67 增加至 2016 年的 0.78，石漠化综合治理效果显著，区域植被生态环境总体改善（图 4.23）。2016 年，广西石漠化区水热条件总体偏好，年平均气温（21.7℃）较常年值偏高 0.6℃，主要植被生长季平均降水量（1272.2 mm）较常年值偏多 6.0%，有利于植被恢复生长，石漠化地区秋季平均植被指数为 0.78，为 2000 年以来最高值。

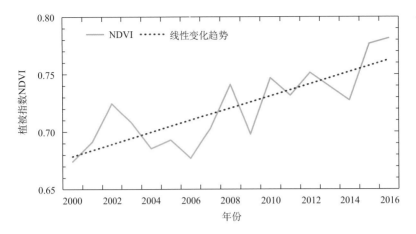

图 4.23　2000～2016 年广西石漠化区秋季植被变化

Fig 4.23　Variation of autumn normalized vegetation index in Guangxi rocky desertification areas from 2000 to 2016

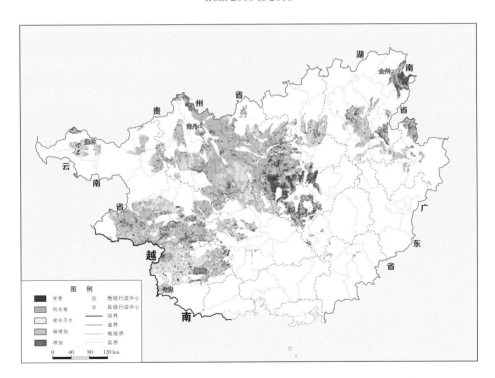

图 4.24　2000～2016 年广西石漠化区秋季植被指数变化趋势分布

Fig 4.24　Distribution of the trend of autumn normalized vegetation index in Guangxi rocky desertification areas from 2000 to 2016

2000～2016年，广西石漠化区植被改善程度空间分布不均，其中植被改善明显地区占40%，植被基本持平地区占50%，仅5%左右的地区稍变差。改善明显地区主要分布于桂中的来宾市、忻城县和桂东北的全州县，以及桂北南丹县；桂西的隆林县和桂西南的崇左市、凭祥市稍变差（图4.24）。

# 第5章 气候变化驱动因子

气候变化的主要驱动力来自地球气候系统之外的外强迫因子，包括自然驱动因子和人为驱动因子。自然强迫因子包括太阳活动、火山活动和地球轨道参数等。工业化时代人类活动通过化石燃料燃烧向大气排放温室气体，以及通过排放气溶胶改变自然大气的成分构成，从而影响地球大气辐射收支平衡；同时，大范围土地覆盖和土地利用方式变化，会改变下垫面特征，导致地气之间能量、动量和水分传输的变化，进而影响区域尺度气候变化。

本章主要侧重于太阳活动与太阳辐射、火山活动和大气成分等气候变化驱动因子的监测信息，可为短期气候预测和气候变化预估、气候变化归因及其影响研究等提供基础依据。

## 5.1 太阳活动与太阳辐射

### 5.1.1 太阳黑子

太阳活动既有 11 年左右的长周期变化，也有短至几十分钟的爆发过程。通常用太阳黑子相对数来表征太阳活动水平的高低。习惯上将 1755 年太阳黑子数最少时开始的活动周称作太阳的第 1 个活动周，目前太阳活动处于第 24 周太阳活动下降阶段，本活动周的周期偏长，预计可达 13 年左右。2016 年，太阳黑子相对数年平均值为 39.9±24.6，低于 2015 年（69.8±32.6）和 2014 年（113.3±38.2），较第 23 周同期水平（2004 年太阳黑子相对数 65.3±33.7），太阳活动水平相对偏低（图 5.1）。

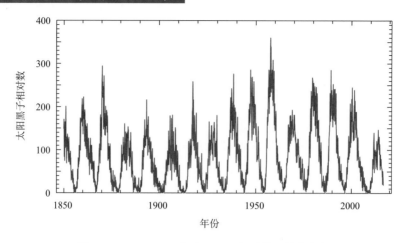

图 5.1　1850～2016 年太阳黑子相对数月均值变化

（资料来源：比利时皇家天文台）

Fig 5.1　Variation of the monthly mean relative sunspot number from 1850 to 2016

(Data source: Belgian Royal Observatory)

### 5.1.2　太阳辐射

1961～2016 年，中国陆地表面平均接收到的年总辐射量趋于减少，平均每 10 年减少 11.4 kW·h/ m²，且阶段性特征明显，20 世纪 60 年代至 70 年代，中国平均年总辐射量总体处于偏多阶段，且年际变化较大；90 年代以来，总辐射量处于偏少阶段，年际变化也较小（图 5.2）。2016 年，中国平均年总辐射量为 1470.6 kW·h/ m²，较常年值偏少 15.7 kW·h/ m²。

2016 年，青海大部、西藏、甘肃西北部、内蒙古西部部分地区年总辐射量超过 1750 kW·h/m²，为太阳能资源最丰富区；新疆大部、青海东南部、甘肃中东部、宁夏、内蒙古中东部、四川西部、云南大部及海南年总辐射量在 1400～1750 kW·h/m²，为太阳能资源丰富区；东北大部、华北南部、黄淮、江淮、江汉、江南及华南地区年总辐射量在 1050～1400 kW·h/m²，为太阳能资源较丰富区；四川东部、重庆、贵州中东部、湖北西部和湖南西部年总辐射量不足 1050 kW·h/m²，为太阳能资源一般区 [图 5.3（a）]。

与常年值相比，2016 年，东北地区中北部、华北南部、华中、华东、新疆北部及云南中部总辐射量较常年值偏少 50～150 kW·h/m²，局部地区偏少

150kW·h/m² 以上；甘肃大部、宁夏、陕西西部、西南地区东部和南部、广西及新疆西部部分地区年总辐射量较常年值偏多［图 5.3（b）］。

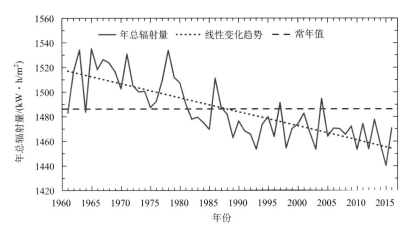

图 5.2 1961～2016 年中国平均年总辐射量

Fig 5.2 Annual mean total solar radiation averaged over China from 1961 to 2016

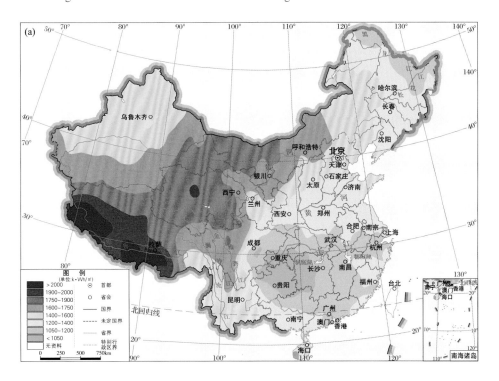

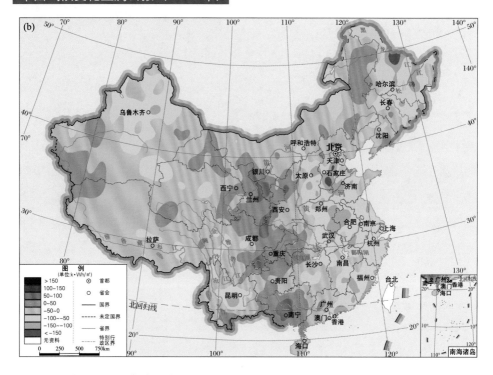

图 5.3　2016 年中国陆地表面太阳总辐射量（a）及其距平（b）空间分布

Fig 5.3　Distribution of (a) the total solar radiation; and (b) anomalies across China in 2016

## 5.2　火山活动

2016 年，全球活跃的火山包括勘察加半岛希韦卢奇火山（Mount Shiveluch）、墨西哥科利马火山（Mount Colima）和波波卡特佩特火山（Mount Popocatépetl）、日本阿苏山火山（Mount Asosan）、苏门答腊岛锡纳朋火山（Mount Sinabung）等，其中日本阿苏山火山喷发规模相对较大。

位于日本南部的阿苏山火山（32°04′ N，131°32′ E）于 2016 年 10 月 7 日 04 时喷发，随后火山活动逐渐升级。10 月 8 日 01:46 分，火山口发生一次非常强烈的喷发，向大气排放了大量火山灰云，火山口喷发的火成岩碎屑岩浆流向周围 2 km 范围。静止气象卫星监测到：2016 年 10 月 7 日 20:00 时至 8 日 05:00 时，火山口喷发出的火山灰云受气象条件影响逐渐向东南部扩散。卫星资料反演估算本次火山爆发喷发出的火山灰云最高高度达到 11 km，对周围商业航线产生影响（图 5.4）。

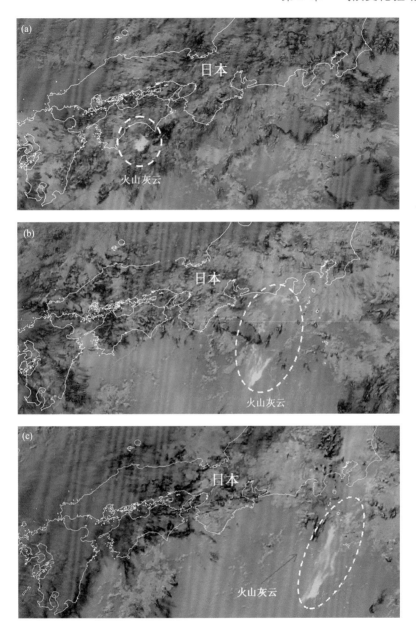

图 5.4　日本阿苏山火山监测图 2016 年 10 月 7 日 20:00（世界时）（a）、2016 年 10 月 8 日 02:00（世界时）（b）和 2016 年 10 月 8 日 05:00（世界时）（c）

Fig 5.4　Mount Aso volcano satellite watch at (a) 20:00, October 7, 2016; (b) 02:00, October 8, 2016; and (c) 05:00, October 8, 2016 (UTC)

## 5.3 大气成分

### 5.3.1 温室气体

中国瓦里关全球本底站（36°17' N，100°54' E；海拔 3816m）为世界气象组织/全球大气观测网（WMO/GAW）的 31 个全球大气本底观测站之一，是中国最先开展温室气体监测的观测站，也是目前欧亚大陆腹地唯一的大陆型全球本底站。1990～2015 年，瓦里关站大气二氧化碳浓度逐年稳定上升，月平均浓度变化特征与同处于北半球中纬度高海拔地区的美国夏威夷冒纳罗亚（Mauna Loa）全球本底站基本一致，很好地代表了北半球中纬度地区大气二氧化碳的平均状况（图 5.5）。

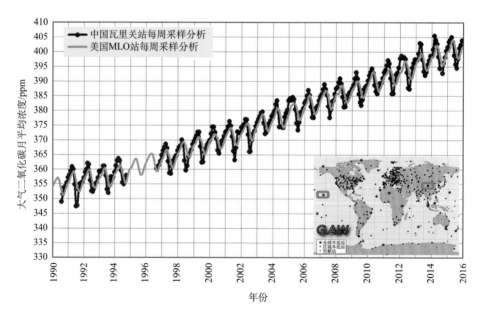

图 5.5　1990～2015 年中国瓦里关和美国夏威夷全球本底站大气二氧化碳月均浓度变化

(美国夏威夷全球本底站数据源自美国国家海洋与大气管理局)

Fig 5.5　Variaiton of the monthly mean atmospheric carbon dioxide mole fractions observed at China's Waliguan and US Hawaii background stations from 1990 to 2015

(Hawaii background sation data source: US National Oceanic and Atmospheric Administration)

2015 年，全球大气二氧化碳年平均本底浓度为 400.0±0.1ppm（摩尔分数，百万分之一），中国瓦里关全球本底站大气二氧化碳年平均本底浓度为 401.0±1.0ppm，略高于全球平均值，与北半球平均值和美国夏威夷站同期观测结果大体相当（图 5.6）。

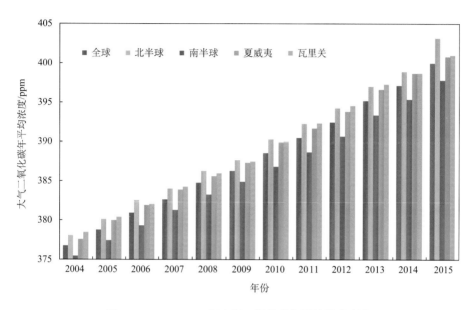

图 5.6　2004～2015 年大气二氧化碳年平均浓度变化

Fig 5.6　Variation of the annual mean atmospheric carbon dioxide mole fractions from 2004 to 2015

2015 年，中国 6 个区域大气本底观测站（北京上甸子站、浙江临安站、黑龙江龙凤山站、云南香格里拉站、湖北金沙站和新疆阿克达拉站）二氧化碳的年平均浓度依次为：409.7±1.6ppm、414.1±2.0ppm、408.2±4.3ppm、399.2±3.2ppm、407.1±2.0ppm 和 402.8±2.1ppm（图 5.7）。

2015 年，全球大气甲烷年平均本底浓度 1845±2ppb（摩尔分数，十亿分之一），中国瓦里关全球本底站大气甲烷年平均本底浓度为 1897±2ppb，高于全球平均值，与北半球平均值较为接近（图 5.8）。

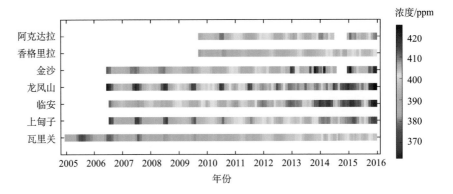

图 5.7  中国气象局 7 个大气本底站近 10 年二氧化碳月平均浓度

Fig 5.7  Monthly mean carbon dioxide mole fractions observed at seven CMA atmospheric background stations over the past 10 years

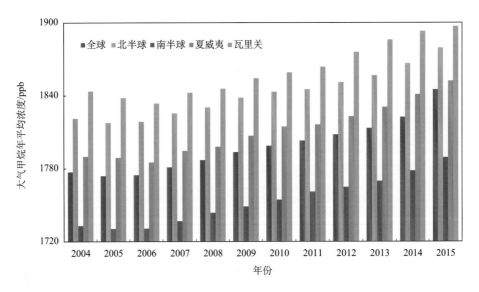

图 5.8  2004～2015 年大气甲烷年平均浓度变化

Fig 5.8  Variation of the annual mean atmospheric methane mole fractions from 2004 to 2015

2015 年，全球大气氧化亚氮年平均本底浓度为 328.0±0.1ppb，中国瓦里关全球本底站大气氧化亚氮年平均本底浓度为 328.8±0.2ppb，略高于全球平均值，与北半球平均值及美国夏威夷站同期观测结果大体相当（图 5.9）。

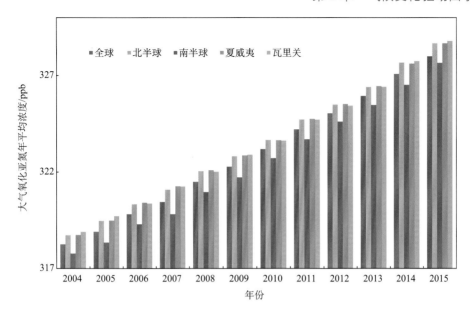

图 5.9　2004~2015 年大气氧化亚氮年平均浓度变化

Fig 5.9　Variation of the annual mean atmospheric nitrous oxide mole fractions from 2004 to 2015

2015 年，全球大气六氟化硫年平均本底浓度为 8.58ppt[①]（摩尔分数，万亿分之一），中国瓦里关全球本底站大气六氟化硫年平均本底浓度为 8.75ppt，高于全球平均值，与北半球平均值及美国夏威夷站同期观测结果较为接近（图 5.10）。

1990~2015 年，中国瓦里关全球本底站大气二氧化碳碳稳定同位素比值（$\delta^{13}C$）与美国夏威夷全球本底站监测基本一致，呈逐年降低趋势（图 5.11）。该趋势反映了人类活动化石燃料燃烧所释放的二氧化碳对当今大气二氧化碳浓度升高的贡献（化石燃料来源于远古时期生物演化，其碳稳定同位素 $^{13}C$ 丰度明显低于当今大气，致使化石燃料所释放二氧化碳的 $\delta^{13}C$ 值相对于当今大气明显亏损）。2015 年，中国瓦里关全球本底站大气二氧化碳 $\delta^{13}C$ 年平均值为–8.51‰。

---

① ppt，干空气中每万亿（$10^{12}$）个气体分子中所含的该种气体分子数。

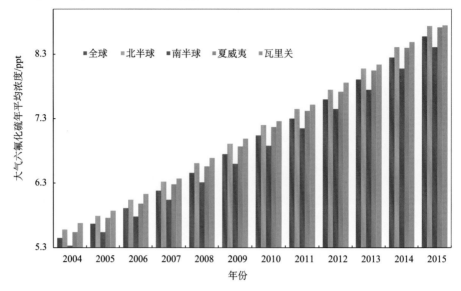

图 5.10　2004～2015 年大气六氟化硫年平均浓度变化

Fig 5.10　Variation of the annual mean atmospheric sulfur hexafluoride mole fractions from 2004 to 2015

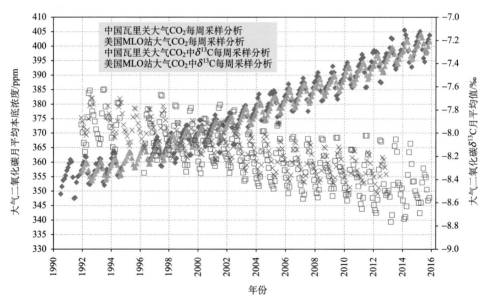

图 5.11　1990～2015 年中国瓦里关全球本底站和美国夏威夷全球本底站大气二氧化碳浓度
及其碳稳定同位素比值月平均值变化

Fig 5.11　Variation of the monthly mean atmospheric carbon dioxide mole fractions and carbon stable
isotope ratios observed at China's Waliguan and US Hawaii background stations from 1990 to 2015

## 5.3.2　臭氧总量

20 世纪 70 年代中后期全球臭氧总量开始逐渐降低，到 1992～1993 年因菲律宾皮纳图博火山爆发而降到最低点。中国青海瓦里关站和黑龙江龙凤山站观测结果显示，1991 年以来臭氧总量季节波动明显，但年平均值无明显增减趋势（图 5.12）。2016 年，瓦里关站和龙凤山站臭氧总量平均值分别为 286±29 陶普生单位（DU）[①]和 357±50DU；与 2015 年两站测值相比，瓦里关站减少 9DU，龙凤山站减少 5DU。

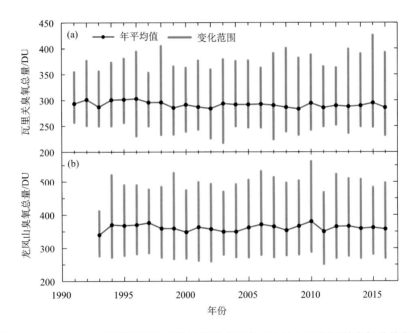

图 5.12　1991～2016 年青海瓦里关站(a)和黑龙江龙凤山站(b)观测到的臭氧总量变化

（圆心实线为年平均值的变化，浅色竖线表示臭氧总量值的范围）

Fig 5.12　Variation of the annual total ozone observed at (a) the Waliguan Station in Qinghai, and (b) Longfengshan Station in Heilongjiang from 1991 to 2016

(The red solid lines represent annual mean values, and the light dark vertical lines the total ozone range)

---

① 1DU=$10^{-5}$m/m²，表示标准状态下每平方米面积上有 0.01mm 厚臭氧。

### 5.3.3 大气气溶胶

气溶胶通过散射和吸收辐射直接影响气候变化，也可通过在云形成过程中扮演凝结核或改变云的光学性质和生存时间而间接影响气候。气溶胶光学厚度，是用来表征气溶胶对光的衰减作用的重要监测指标，光学厚度越大，代表大气中气溶胶含量越高。2004～2016年，中国北京上甸子站、浙江临安站和黑龙江龙凤山站气溶胶光学厚度年平均值呈现增加趋势（图5.13）。2016年，上甸子站、临安站和龙凤山站蓝色可见光波段（中心波长440nm）气溶胶光学厚度分别为0.39±0.19、0.55±0.16和0.32±0.13，均低于2015年。

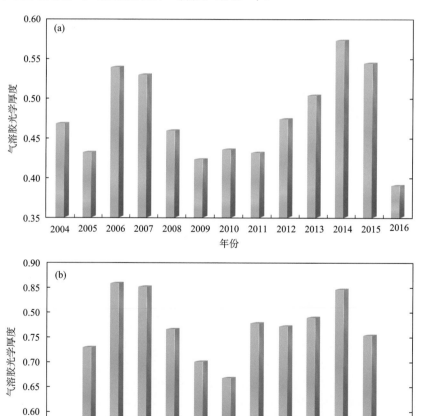

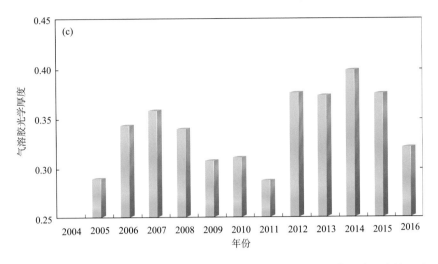

图 5.13　2004～2016 年中国北京上甸子站(a)、浙江临安站（b）和黑龙江龙凤山站（c）观测到的气溶胶光学厚度变化

Fig 5.13　Variaiton of the annual mean aerosol optical thickness observed at (a) Shangdianzi Station in Beijing; (b) Lin'an Station in Zhejiang; and (c) Longfengshan Station in Heilongjiang from 2004 to 2016

选取北京上甸子站、上海东滩站和广东番禺站分别作为京津冀、长三角和珠三角地区的典型代表站，分析三大经济区近 10 年来大气细颗粒物 $PM_{2.5}$ 平均浓度的变化趋势。

监测表明，2005～2016 年，北京上甸子站 $PM_{2.5}$ 年平均质量浓度年际波动明显，但整体上呈下降趋势（图 5.14）。2005～2016 年，北京上甸子站 $PM_{2.5}$ 质量浓度的平均值为 $41.3\pm8.3\mu g/m^3$；年平均 $PM_{2.5}$ 质量浓度最高值出现于 2006 年，为 $60.8\mu g/m^3$。2016 年，北京上甸子站 $PM_{2.5}$ 年平均质量浓度为 $26.8\mu g/m^3$，为自 2005 年有观测以来最低，比 2015 年下降 $6.8\mu g/m^3$。

2010～2016 年，上海东滩站 $PM_{2.5}$ 年平均质量浓度呈下降趋势，尤其 2016 年较前期有明显下降（图 5.15）。2016 年，上海东滩站 $PM_{2.5}$ 年平均质量浓度为 $10.0\mu g/m^3$，比 2015 年降低 $14.7\mu g/m^3$。

2006～2016 年，广东番禺站 $PM_{2.5}$ 年平均质量浓度阶段性变化特征明显（图 5.16）。2006～2010 年，$PM_{2.5}$ 年平均质量浓度逐年下降；2010～2012 年有所回升；2013～2016 年波动下降，2015 年 $PM_{2.5}$ 平均质量浓度是 2006 年以来最低值，为

31.2μg/m³。2016 年，广东番禺站 PM₂.₅ 平均质量浓度较 2015 年略微上升，为 33.0μg/m³。

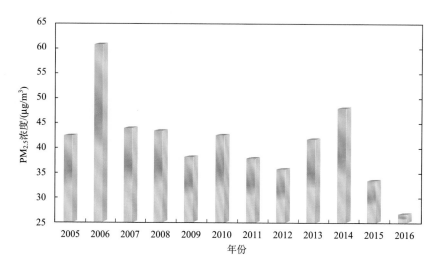

图 5.14　2005～2016 年北京上甸子站 PM₂.₅ 年平均浓度变化

Fig 5.14　Variation of the annual mean PM$_{2.5}$ concentrations observed at the Shangdianzi Station in Beijing from 2005 to 2016

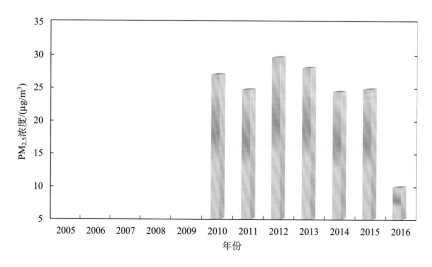

图 5.15　2010～2016 年上海东滩站 PM₂.₅ 年平均浓度变化

Fig 5.15　Variation of the annual mean PM$_{2.5}$ concentrations observed at the Dongtan Station in Shanghai from 2010 to 2016

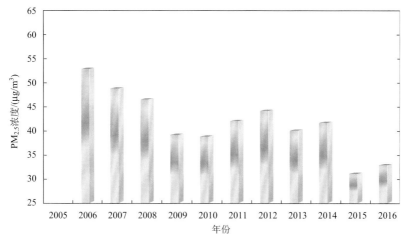

图 5.16　2006~2016 年广州番禺站 PM$_{2.5}$ 年平均浓度变化

Fig 5.16　Variation of the annual mean PM$_{2.5}$ concentrations observed at the Panyu Station in Guangzhou from 2006 to 2016

### 5.3.4　酸雨

长江三峡库区 6 站（重庆、涪陵、万州、奉节、巴东和宜昌）酸雨监测显示，1999~2016 年，三峡库区平均酸雨强度呈减弱趋势，降水酸度明显下降（图 5.17）。2016 年，三峡库区平均的降水 pH 为 5.71，是 1999 年以来库区酸雨强度最弱年份。

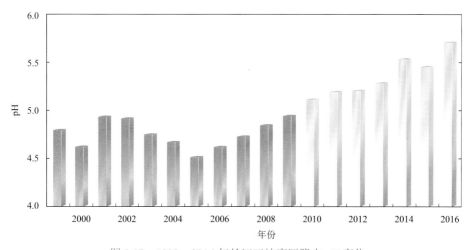

图 5.17　1999~2016 年长江三峡库区降水 pH 变化

Fig 5.17　Variaiton of the annual mean pH values of precipitation averaged in the Three Gorges Reservoir from 1999 to 2016

# 附录 I　数据来源和其他背景信息

**本公报中所用资料来源：**

世界气象组织《2016 年全球气候状况声明》：www.wmo.int

英国东英吉利大学气候研究所（全球陆地表面气温资料）：www.cru.uea.ac.uk

英国气象局哈德莱中心（全球海表温度资料）：www.metoffice.gov.uk

中国国家海洋局（中国沿海海平面变化）：www.soa.gov.cn

中国香港天文台（香港天文台气温、降水量、雷暴日数，维多利亚港验潮站海平面高度）：www.weather.gov.hk

中国科学院天山冰川观测实验站（山地冰川）：www.nieer.cas.cn

世界冰川监测服务处（全球参照冰川）：www.wgms.ch

中国科学院青藏高原冰冻圈观测研究站（多年冻土）：www.nieer.cas.cn

青海省水利厅（青海湖水位）：www.qhsl.gov.cn

比利时皇家天文台（太阳黑子相对数）：www.astro.oma.be

美国国家海洋与大气管理局（夏威夷 MLO 站温室气体浓度）：www.noaa.gov

世界气象组织全球大气观测网（全球和南、北半球温室气体浓度）：www.wmo.int/gaw

本公报中所用其余数据均源自中国气象局。

**主要贡献单位：**

国家气候中心、国家气象中心、国家卫星气象中心、国家气象信息中心、中国气象局气象探测中心、中国气象科学研究院、公共气象服务中心，北京市气象局、内蒙古自治区气象局、辽宁省气象局、黑龙江省气象局、上海市气象局、安徽省气象局、湖北省气象局、广东省气象局、广西壮族自治区气象局、西藏自治区气象局、甘肃省气象局、青海省气象局，中国科学院冰冻圈科学国家重点实验室、天山冰川观测实验站、青藏高原冰冻圈观测研究站，国家海洋信息中心，香港天文台等。

# 附录Ⅱ 术 语 表

**冰川物质平衡**：物质平衡是指冰川上物质的收入（积累）与支出（消融）的代数和。该值为负时，表明冰川物质发生亏损；反之则冰川物质发生盈余。

**常年值**：在本公报中，"常年值"是指1971~2000年气候基准期的常年平均值。凡是使用其他平均期的值，则用"平均值"一词。

**地表水资源量**：某特定区域在一定时段内由降水产生的地表径流总量，其主要动态组成为河川径流总量。

**地表温度**：指某一段时间内，陆地表面与空气交界处的温度。

**多年冻土退化**：在一个时段内（至少数年以上）多年冻土持续处于下列任何一种或者多种状态：多年冻土温度升高、厚度减小、面积缩小。

**（多年冻土）活动层厚度**：多年冻土区年最大融化深度，在北半球一般出现在8月底至9月中，厚度在数十厘米全数米之间。

**活动积温**：是指植物在整个年生长期中高于生物学最低温度之和，即大于某一临界温度值的日平均气温的总和。

**积雪覆盖率**：监测区域内的积雪面积与区域总面积的比值。

**径流深**：在某一时段内通过河流上指定断面的径流总量（$m^3$ 计）除以该断面以上的流域面积（以 $km^2$ 计）所得的值，其相当于该时段内平均分布于该面积上的水深（以 mm 计）。

**径流总量**：在一定的时间里通过河流某一断面的总水量，单位是 $m^3$ 或 $10^8 m^3$。

**陆地表面平均气温**：指某一段时间内，陆地表面气象观测规定高度（1.5m）上的空气温度值的面积加权平均值。

**摩尔分数**：或称摩尔比例，是一给定体积内某一要素的摩尔数与该体积内所有要素的摩尔数之比。

**年累计暴雨站日数**：指一定区域范围内，一年中各站点达到暴雨量级的降水日数的逐站累计值。

**年平均降水日数**：指一定空间范围内，各站点一年中降水量大于等于 0.1mm 日数的平均值。

**年总辐射量**：指地表一年中所接受到的太阳直接辐射和散射辐射之和。

**平均年降水量**：指一定区域范围内，一年降水量总和（mm）的面积加权平均值。

**气候生产潜力**：气候资源蕴藏的物质和能量所具有的潜在生产力。

**气溶胶光学厚度**：定义为大气气溶胶消光系数在垂直方向上的积分，主要用来描述气溶胶对光的衰减作用，光学厚度越大，代表大气中气溶胶含量越高。

**全球表面平均温度**：是指与人类生活的生物圈关系密切的地球表面的平均温度，通常是基于按面积加权的海洋表面温度和陆地表面 1.5m 处的表面气温的全球平均值。

**石漠化**：是指在湿润、半湿润气候条件和岩溶极其发育的自然背景下，受人为活动干扰，使地表植被遭受破坏、土壤严重流失，基岩大面积裸露或砾石堆积的土地退化现象。

**酸雨**：pH 小于 5.6 的大气降水。

**太阳黑子相对数**：表示太阳黑子活动程度的一种指数，是瑞士苏黎世天文台的 R. 沃尔夫在 1849 年提出的，因而又称沃尔夫黑子数。

**二氧化碳通量**：单位时间内通过单位面积的二氧化碳的量（质量或者摩尔数）。

**植被指数**：对卫星不同波段进行线性或非线性组合以反映植物生长状况的量化信息，本公报使用归一化差植被指数。

**（季节冻土）最大冻结深度**：在季节冻土区，冷季地表土层温度低于冻结温度后，土壤中的水分冻结成冰，从地面到冻结线之间的垂直距离称为冻结深度。最大冻结深度是标准气象观测场内的冻结深度的最大值。